国家中职示范校烹饪专业课程系列教材

刀工技能

DAOGONG JINENG

杨征东 主编

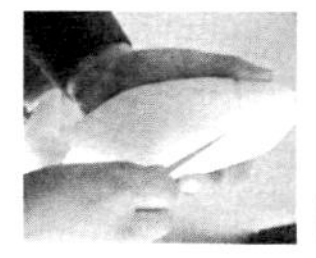

知识产权出版社

图书在版编目（CIP）数据

刀工技能/杨征东主编. —北京：知识产权出版社, 2015.8（2023.8 重印）
ISBN 978-7-5130-3668-9

Ⅰ. ①刀… Ⅱ. ①杨… Ⅲ. ①烹饪－原料－加工－中等专业学校－教材
Ⅳ. ①TS972.111

中国版本图书馆 CIP 数据核字(2015)第 165057 号

内容提要

《刀工技能》是烹饪工艺基本技能之一，是为了适应国家中职示范校建设的需要，为开展烹饪专业领域高素质、技能型人才培养而编写的新型校本教材。本书共 6 个项目，52 个任务，主要内容包括刀工操作的基本站姿、持刀、直刀法、斜刀法、剞刀法、原料成型（块、片、丝、条、段、丁、粒、末、茸泥、球）、刀工美化等。各项目均配有项目拓展与训练的实训题，以便学生将所学知识融会贯通。

责任编辑：李　娟　　　　责任印制：刘译文

刀工技能

杨征东　主编

出版发行：	知识产权出版社有限责任公司	网　址：	http://www.ipph.cn
电　话：	010-82004826		http://www.laichushu.com
社　址：	北京市海淀区气象路50号院	邮　编：	100081
责编电话：	010-82000860 转 8594	责编邮箱：	laichushu@cnipr.com
发行电话：	010-82000860 转 8101	发行传真：	010-82000893
印　刷：	北京中献拓方科技发展有限公司	经　销：	各大网上书店、新华书店及相关专业书店
开　本：	880mm×1230mm　1/32	印　张：	3.875
版　次：	2015 年 8 月第 1 版	印　次：	2023 年 8 月第 8 次印刷
字　数：	150 千字	定　价：	20.00 元

ISBN 978-7-5130-3668-9

本书编委会

主　编　杨征东

副主编　张忠金　王亚楠　陈卫东

编　者

学校人员　蔡广程　郝敏娟　袁　凝　付文龙

　　　　　郑子昱　方英杰　刘　扬　谢定北

企业人员　于功亭　刘景军　孟昭发　王连厚

　　　　　王成奇

前 言

2013 年 4 月，牡丹江市高级技工学校被财政部、中宣部、教育部三部委确定为“国家中等职业教育改革发展示范校”创建单位，为扎实推进示范校项目建设，切实深化教学模式改革，实现教学内容的创新，使学校的职业教育更好地适应本地经济特色。学校广泛开展行业、企业调研，反复论证本地相关企业的技能岗位的典型任务与技能需求，在专业建设指导委员会的指导与配合下，科学设置课程体系，积极组织广大专业教师与合作企业的技术骨干研发和编写具有我市特色的校本教材。

示范校项目建设期间，我校的校本教材研发工作取得了丰硕的成果。2014 年 8 月，《汽车营销》教材在中国劳动社会保障出版社出版发行。2014 年 12 月，学校对校本教材严格审核，评选出《零件的数控车床加工》《模拟电子技术》《中式烹调工艺》等 20 册能体现本校特色的校本教材。这套系列教材以学校和区域经济作为本位和阵地，在学生学习需求和区域经济发展分析的基础上，由学校与合作企业联合开发和编制。教材本着“行动导向、任务引领、学做结合、理实一体”的原则编写，以职业能力为核心，有针对性地传授专业知识和训练操作技能，符合新课程理念，对学生全面成长和区域经济发展也会产生积极的作用。

各册教材的学习内容分别划分为若干个单元项目，再分为若干个学习任务，每个学习任务包括任务描述及相关知识、操作步骤和方法、思考与训练等。适合各类学生学用结合、学以致用的学习模式和特点，适合于各类中职学校使用。

《刀工技能》是烹饪工艺基本技能之一，是为了适应国家中职示范校建设的需要，为开展烹饪专业领域高素质、技能型人才培养培训而编写的新型校本教材。本书共详写了 5 个项目，52 个任务，主要内容包括刀工操作的基本站姿、持刀、直刀法、斜刀法、平刀法、剞刀法、原料成型（块、片、丝、条、段、丁、粒、末、茸泥、球）、刀工美化等。本教材由杨征东、张忠金、刘景军、蔡广程、陈卫东、王亚楠等编写。由于时间与水平，书中不足之处在所难免，恳请广大教师和学生批评指正，希望读者和专家给予帮助指导！

牡丹江市高级技工学校校本教材编委会
2015 年 3 月

目　录

刀工技能相关知识

任务1　了解并掌握刀工的任务和特点

中国素有“烹饪王国”之称，中国菜肴驰名中外，这是我国人民劳动智慧的结晶。美味可口的肴馔，风味各异的菜品，不仅依靠烹饪技术来实现，更要求精湛的刀工技术与之配合，才能制作出富有特色的美馔佳肴。

所谓刀工，就是运用不同的刀具，运用各种不同的刀法和指法，将不同质地的烹饪原料加工成适合烹调需要的各种形状的技艺。

中国的烹饪刀工技术，吸收了几千年来前人创造和积累的实践经验，并加以不断创新，终于以它众多的技法形成现代的刀法体系。从这些具体成果中，充分表明了中国烹饪事业日趋兴旺的光辉历程。因此，继承、发扬、创新、提高刀工技术，为烹饪技术的发展创造良好的条件，这是时代赋予当代烹饪工作者崇高的历史使命。

我国烹饪刀工有着悠久的历史，也有它自己独特的风格和特点。刀工的第一个特点就是将原料加工成特定的形状，各种不同的刀法，可以创造千姿百态、生动形象的形状。第二个特点是使原料更加入味，经过刀工处理，可以使原料由大变小，可以使菜肴入味三分。第三个特点就是刀工具有艺术表现力。刀工本身就是一门艺术，厨师运用各种刀法，将普通的原料综合制成一道道色香味形俱佳的美味佳馔。呈现在食客面前的，实际上是一幅幅珍贵的菜肴艺术品。第四个特点是刀法具有系统性。随着烹饪技术的发展，刀工技术也随之发生变化，目前的刀法已经由比较简单的技法逐渐发展成切、排、批、抖、剞、旋等一系列刀法组成的刀法体系。这一体系不是固定不变的，还在随着时代的进展而不断丰富和发展。

任务 2　掌握烹饪刀工的目的

中国烹饪刀工方法发展至今，大致可分为四大类，即直刀法、平刀法、斜刀法、剞刀法。此外，还包括食品雕刻的一些特殊刀法（不在本书所论的范围之内）。每类刀法中又包含若干种子刀法。这么多刀工方法究竟要达到什么目的呢？概略地说，可以归纳为如下几个方面。

一、加热调味的需要

烹饪实践表明，完整的、形状较大的原料，无论是大改小、粗改细、整切碎，还是在原料上剞花纹，都要运用刀工技术，将其切割成块、片、丝、条、丁、粒、末、茸泥等各种不同的形状或在鸡、鸭、鱼、腰、肉、肚等原料上剞上刀纹，都可以此扩大原料受热面积，以便快速加热致熟，同时还可以使调味品的滋味渗透于原料内部，便于原料的入味。

二、造型美化的需要

中国菜除了用火、水、调味等几种因素改变原料形状以外，一块肉、一条鱼或某些内脏都可以用刀切成菊花形、麦穗形、松果形、梳子形和各种几何形，用茸泥又可制成花、鸟、虫、草等多种图案，使用各种“花刀法”并结合点缀镶嵌等工艺手法，还可以制成艺术与技术融为一体的多姿多彩的菜肴。所有这些，无不与刀工美化密切相关。

三、丰富菜肴品种的需要

烹饪刀工技术的发展，给中国菜肴的数量及品种的增加提供了

广阔天地。运用各种刀工刀法，可以把各种不同质地的原料切成各种不同的形状，并辅之以拼摆、镶、嵌、叠、卷、排、扎、酿、包等工艺手法，制成各种式样、造型优美的菜肴。因此，菜肴数量、品种的增加是与刀工的运用和作用分不开的。

四、促进人体消化吸收的需要

在人类进入高度文明的今天，可以说烹饪刀工的本质意义，就是让人们通过食用美味可口的菜肴，达到养生、保健的目的。人的饮食，共有三化：一是火化，烹熟煮烂；二是口化，细嚼慢咽；三是胃化，蒸变传运。这是传统的说法。三化的前提条件就是刀工，通过刀工的切割，由整变碎，才能适宜于烹饪加工，方便人们的食用，进而促进人体的消化和吸收。

五、文明饮食的需要

自从“火”被发现之后，人们逐渐地由生食变为熟食，并把熟食变成固定的饮食方式。从此，人类脱离了“活剥生吞”的原始生活方式。筷子的出现，使中国饮食文明进入了一个新的阶段，进入了“筷竹”文明的时代，这就要求所有菜肴都要加工成一定的形状，以适应用筷子夹食。由此可见，刀工技术的发展和提高，正是反映了中国文明饮食的需要。

六、改进菜肴质感的需要

动物性原料肉质的嫩度是相对韧度而言的。使肉类菜肴软嫩适口、易于咀嚼和消化吸收，是厨师和食客共同追求的目标。肉中纤维的粗细、结缔组织的多少及含水量是嫩度的内在因素。提高菜肴的质感，除了依靠相应的烹调技法如挂糊、上浆等技法以外，也可通过机械力加以改变，即运用刀工技术对各种原料进行加工处理，如采用切、剞、捶、拍、剁等方法，使肌肉纤维组织断裂或解体，扩大肉的表面面积，从而使更多的蛋白质亲水基团暴露出来，增加肉的持水性，再行烹制，即可取得良好的质感。

任务3　了解并掌握烹饪刀工的重要意义

一、学习烹饪刀工，可以为今后的烹饪技术学习创造良好的条件，打下坚实的基础

刀工技术是烹饪技术的基础，熟练地掌握刀工，能够为我们顺利学习烹饪技术创造良好的条件。刀工技术不仅能使菜肴发生“形”的变化，而且还能从“形”的变化中，给食者以美的享受，从而使人们增进食欲功能，进而达到以欣赏促食欲的目的。“形”的变化，能促进“质”的提高。要做到这一点，必须学好烹饪刀工。烹饪行业流行着“三分灶，七分案”的观点，有力地说明刀工工序的重要地位，也说明学习烹饪刀工的重要意义。因此认真学习烹饪刀工，是每个烹饪工作者一项义不容辞的光荣任务。

二、学习烹饪刀工，有助于我们全面掌握烹饪技术，更好地满足社会需要

社会在发展，时代在前进。在社会主义新时期，由于旅游事业的蓬勃发展，中高档饭店、宾馆的大量涌现，人民生活水平的普遍提高，人们对烹饪工作者提出越来越高的要求。为了适应这种需要，培养厨师技术，提高技术水平，已成为一个亟待解决的课题。我们知道，作为一个优秀的厨师，不仅需要钻研全面的烹饪技术，而且要熟练掌握各种刀法技巧。如果没有一定的刀工技术，就不可能制出形象优美、味美绝伦的美馔佳肴，更不可能满足社会需要。

综观中国菜，无论南菜系，还是北菜系，都要借助于刀工体现出来。既有丁、丝、片、块之分，也有球、饼、丸、花之别。不仅要使成形原料大小一致、厚薄均匀、粗细相等，而且要清爽利落，断连分明，形态美观。至于那些经过刀工美化、被誉为“刀下生花，

油里开花”的效果，就是运用鸡、鸭、腰子、鱿鱼等原料，运用刀工技法，剞上不同的花纹，经加热即卷曲呈现各种美丽的花形（如麦穗形、菊花形、荔枝形等）而获得的。特别是刀工与拼摆相结合，可以拼成具有高超艺术性、形象逼真的花、草、鸟、兽、鱼等花式象形拼盘，如“鲤鱼跳龙门”“孔雀开屏”“松鹤延年”“雄鹰展翅”等。所有这些，都体现了刀工的精湛技艺和高超的艺术水平。

相反，倘若刀工技术不精，成形后的原料粗细不匀，大小不一，长短不齐，不但火候难以调节，而且必然出现生、老、焦、韧等现象，严重影响菜肴的“色”和“形”，其结果必然使菜肴失去光彩。因此，为了满足广大群众对美味的需要，钻研刀工技术，提高刀工水平，乃是厨师的一项不可忽视的重要课题。

项目一　认识烹饪刀工工具

烹饪刀工是一门复杂的工艺，必须有一整套得心应手的工具。各种类型的刀是烹饪刀工的主要工具，俗话说："工欲善其事，必先利其器"，因此，刀工工具在原料加工过程中起着主要作用。刀具的好坏，使用的是否得当，都将关系到菜肴的外形和质量。有了刀，放在哪里切？这就需要质地优良的菜墩。为了保持刀具锋利，要经常磨刀，这又需要磨石。刀具如何保养，磨刀采用什么方法，菜墩如何选择和使用，这都是一个厨师必须掌握的基本知识。

任务 1　掌握刀具各部位的名称

刀具是指专门用于切割食物的工具。烹饪刀具种类很多，外形各异。除了一些特殊用途的刀具以外，大多数刀的外形是比较接近的。为了便于说明，这里以切刀为例，介绍其各部位的名称。切刀的外形，是由 A—刀柄，B—刀背，C—刀膛，D —刀锋（又称刀刃），E—尖劈角，H—刀头等部位所组成（见图 1¯1）。

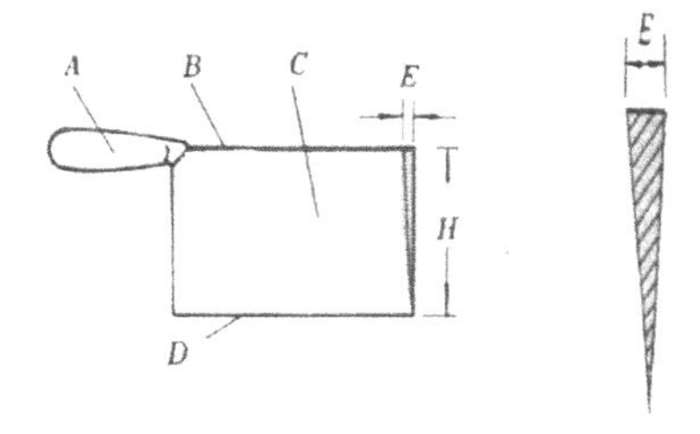

图 1¯1

任务2 掌握刀具的种类及用途

烹饪行业所使用的刀具种类繁多，外形也不一样，体积也不尽相同，但其用途是同中有异。掌握刀的种类和用途是刀工技术中很重要的基础知识。

由于菜肴品种繁多，原料质地也不相同，只有掌握各种刀具的性能和用途，结合原料的质地，寻用与之相适应的刀具，才能保证原料成形后的规格和质量。

按刀的用途，刀具可以分为四大类：批刀（又称片刀）、砍刀、前批后斩刀（又称文武刀）、特殊刀。

一、批刀（片刀）

性能：重约500～750克，轻而薄，刀口锋利，尖劈角小，是切、批工作中最重要的工具。

用途：适宜切或批经过精选的无骨的动物性和植物性原料。刀背可用于捶茸。

形状：这类刀具形状很多，常用的有：

1. 圆头刀（见图1-2）

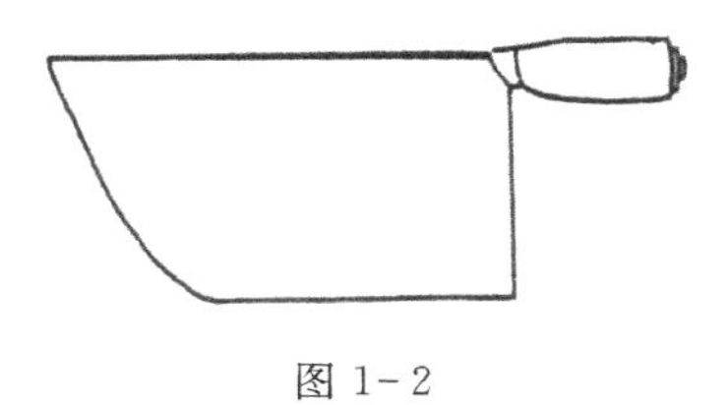

图1-2

2. 方头刀（见图1-3）

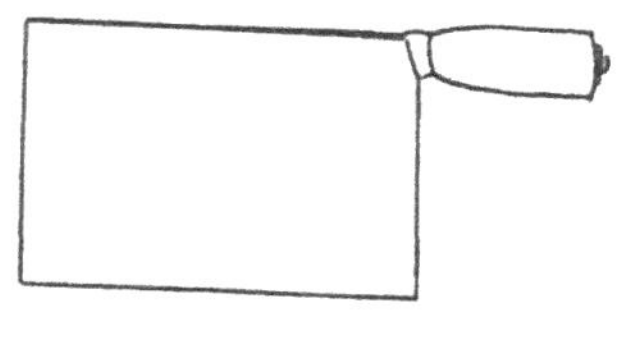

图1-3

3. 羊肉刀（见图 1-4）

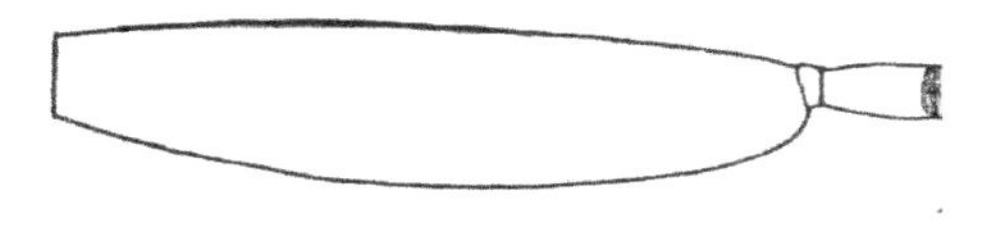

图 1-4

二、砍刀

性能：重约 1000 克以上，厚背，厚膛，大尖劈角，分量较重，是砍劈工序中最常用的工具。

用途：专门用于砍骨头或砍体积较大的尖硬原料。

1. 长方刀（见图 1-5）

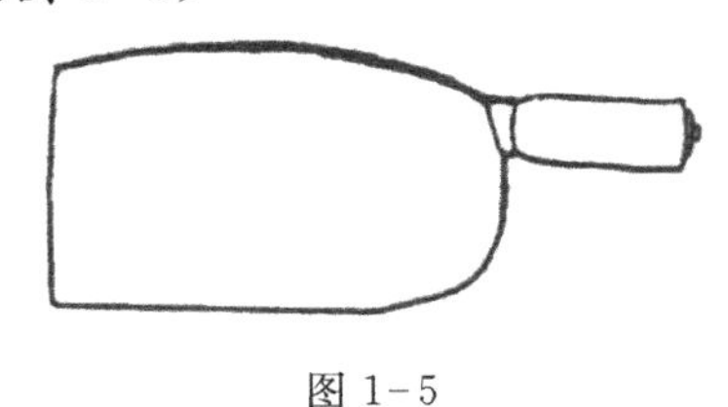

图 1-5

2. 尖头刀（见图 1-6）

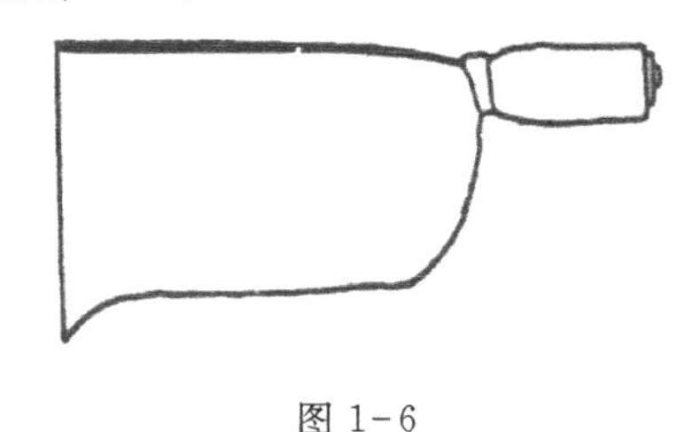

图 1-6

三、前批后斩刀（文武刀）

性能：重 750～1000 克，刀锋的中前端近似于批刀，刀锋的后端厚而钝，近似于砍刀，尖劈角大于批刀，小于砍刀。应用范围较广，既宜于批、切，也宜于砍，刀背又可捶茸。由于它具有多种功能，故称文武刀。

用途：刀锋的中尖端适宜批、切无骨的韧性原料，也适宜加工植物性原料，后端适宜砍带骨的原料。

1. 柳刀（见图 1-7）

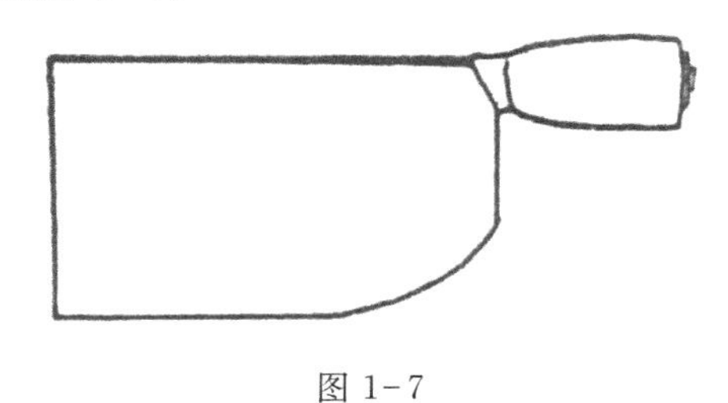

图 1-7

2. 马头刀（见图 1-8）

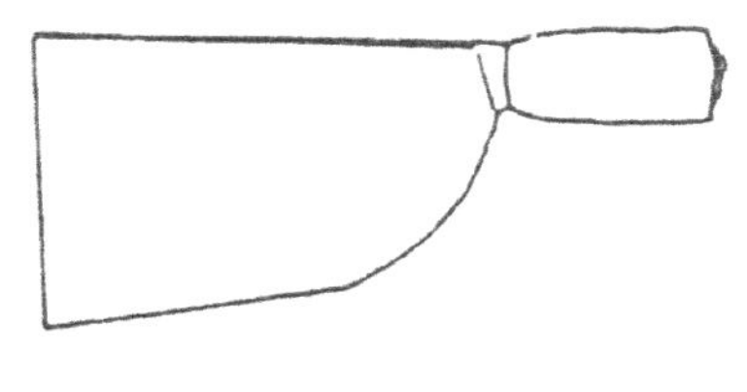

图 1-8

3. 剔刀（见图 1-9）

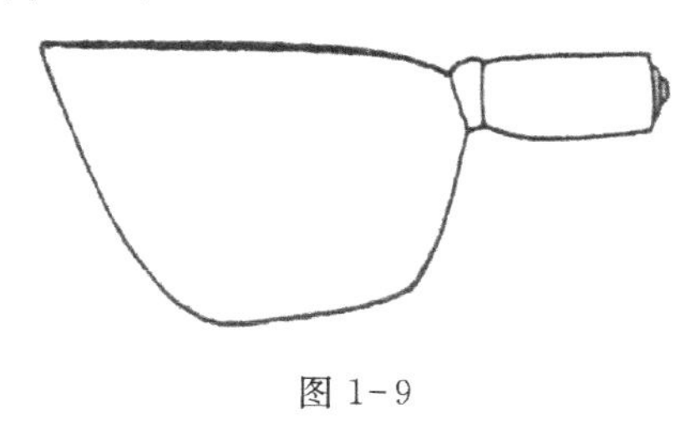

图 1-9

四、特殊刀

性能：200～500 克，刀身窄小，刀口锋利，轻而灵活，外形各异，具有多种用途。

用途：适宜对原料的粗加工，如刮、削、剔、剜等。

1. 烧鸭刀（见图 1-10）

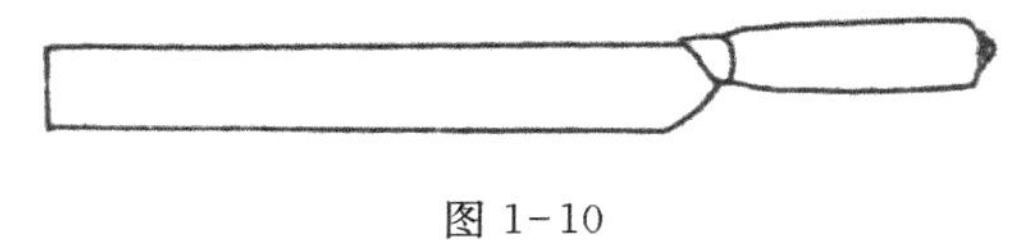

图 1-10

2. 刮刀（见图 1-11）

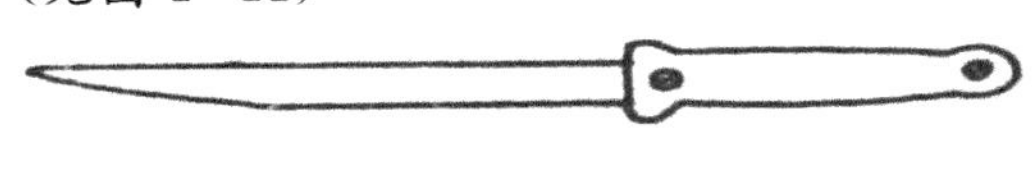

图 1-11

3. 镊子刀，这种刀的刀刃部位可用于削、刮、剜，刀柄部位可于夹镊鸡、鸭、猪毛（见图 1-12）

图 1-12

4. 牛角刀（见图 1-13）

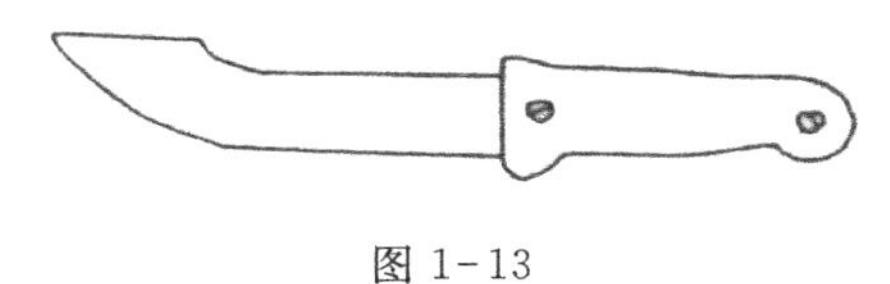

图 1-13

任务 3　掌握刀具的保养

刀具用后的保养是延长刀具寿命，确保刀工质量的重要手段。保养刀具时应做到以下几点：

一、清洁刀具

用刀以后必须用清水洗净刀身，再用干净的抹布干刀身两面的水分，特别是切咸味的或带有黏性的原料，如咸菜、藕、菱等原料，

切后粘附在刀两侧的鞣酸，容易氧化而使刀面发黑，而且盐渍对刀具有腐蚀性，故刀用完后必须用清水洗净擦干。

二、储存刀具

刀具使用之后，必须固定挂在刀架上，或放入刀盒内，不可碰撞硬物，以免损伤刀刃。

三、保养刀具

遇到气候潮湿的季节，铁刀用完后，应该擦干水分，再在刀身两面涂抹一层干淀粉或涂上一层植物油，以防生锈和腐蚀。

任务 4 熟悉菜墩的选择与保养

菜墩（又称墩子、刀板），是对烹饪原料进行加工时的衬垫工具，它对刀工起着重要的辅助作用。刀工与菜墩有着密切的关系，菜墩质地的优劣，关系着刀工技术能否正常地发挥。为此，刀工对菜墩有一定的要求，如墩面要平整，质地不宜太软，以免影响刀工质量。

一、菜墩的选择

菜墩一般都选择银杏木、橄榄木、柳木、榆木等本段作为材料锯制而成。这些树木质地坚实，木纹细腻、密度适中，弹性好，不损刀刃。墩的尺寸以高 20～25 厘米、直径 35～45 厘米为宜。

二、菜墩的保养

新购买的菜墩最好放入盐水中浸泡数小时或放入锅内加热煮透，使木质收缩，组织细密，以免菜墩干裂变形，达到结实耐用的目的。

菜墩使用之后，要用清水或碱水涮洗，刮净油污，保持清洁。每隔一段时间后，还要用水浸泡数小时，使菜墩保持一定的湿度，以防干裂。用后要竖放通风处，防止墩面被腐蚀。墩子使用一段时间后，发现墩面凹凸不平，要及时修正、刨平，保持墩面平整。

三、菜墩的使用

使用墩子时，应在墩的整个平面均匀使用，保持菜墩磨损均衡，防止墩面凹凸不平，影响刀法的施展，因为墩面凹凸不平，切割时原料不易被切断。墩面也不可留有油污，如留有油污，在加工原料时容易滑动，既不好掌握刀距，又易伤害自身，同时，也影响卫生，易产生异味。

任务5　掌握磨石的种类及应用

磨石，即磨制各种烹饪刀具的工具，呈长条形，规格尺寸大小不等。主要功能是通过刀在磨石上的反复摩擦，使刀刃锋利以适应加工原料的需要。

一、磨石的种类

磨石有天然雕凿的磨石和人工合成的磨石两大类：

1. 天然磨石

天然磨石是采集天然黄沙石料，雕凿呈长方形，一般长约 40 厘米，高 15 厘米，宽约 12 厘米。天然磨石又可分为两种，一种是粗石，其主要成分是黄沙，颗粒较粗，质地较硬；另一种是细石，其主要成分是青沙，颗粒细腻、质地细软、硬度适中。

2. 人工磨石

人工磨石采用金刚砂人工合成，质地软中带硬，也有粗细之分。种类型号尺寸不等，通常使用的磨石，一般以选用尺寸为宽约 5 厘米，长约 20 厘米，高 3 约厘米的粗、细磨石为好。这种磨石体积较小，方便使用。

二、磨石的应用

不同质地的磨石有着不同的用途。对两种磨石，要采取正确的使用方法。

1. 粗磨石　粗磨石质地粗糙，摩擦力大，多用于磨制新刀、开刃

或有缺口的刀

2. 细磨石 细磨石比较细腻，光滑，刀经粗石磨制以后，再转用细石磨，适于磨快刀刃。

三、磨刀的方法

为了提高切割效率，必须使刀口时时保持锋利的状态。要做到这一点，在切割过程中，必须经常磨刀，这不仅要有质地较好的磨石，而且要有正确的磨刀姿势和方法。

1. 磨刀的姿势

磨刀时要求两脚分开，一前一后，前腿弓，后腿绷，胸部略向前倾，收腹，重心前移，两手持刀，目视刀锋（见图1¯14)。

图1¯14

2. 磨刀的方法

首先将磨石固定于架子上，高度约为本人身高的一半，以操作方便、运用自如为准。磨刀时右手握住刀尖直角部位，左手握住刀柄前端，两手持稳刀，将刀身端平，刀与磨石的夹角为3～5度为宜(见图1¯15)。

磨刀须按一定程式进行：向前平推至磨石尽头，然后向后拉，始终保持刀与磨石的夹角为3～5度，切不可忽高忽低。向前平推是磨刀膛，向后拉是磨刀口。无论是前推还是后拉，用力都要讲究平稳、均匀。当磨石表面起砂浆时，须淋点水继续再磨。

磨刀时重点应放在磨刀锋部位。刀锋的前、后端和中端部位都

要均匀地磨到。磨完刀具的一面后，再换手持刀，磨另一面，注意两面磨至一样的程度，这样才能保证磨完的刀口平直锋利。（小窍门：用盐水磨刀既快又锋利）

图 1-15

3. 刀锋的检验

检验刀磨得是否合格，一种方法是看：将刀刃朝上，两眼直视刀刃，如果刀刃上看不见白色光泽，就表明刀已磨锋利了；如果有白色光泽，则表明刀有不锋利之处。另一种方法是触：把刀刃轻轻放在大拇指手指盖上轻轻拉一拉，如有涩感，则表明刀刃锋利；如刀刃在手指盖上感觉光滑，则表明刀刃还不锋利。

项目二　烹饪刀工的基本要素

刀工技术是一门实用性很强的应用技术，主要包含人的要素（身体素质和技巧素质）和物料要素（各种各样的烹饪原料）。作为一个合格的烹饪工作者，必须具有强壮的体魄和耐久的臂力。为了达到这一目的，要求烹饪工作者坚持每天做各种行之有效的锻炼。同时为了提高刀工技巧，还必须锻炼自身的目测能力，熟练掌握刀工指法，这是一项极其重要的基本功。另外，还要对各种烹饪原料的质地有个概括性的了解。

任务1　掌握烹饪刀工对身体素质的基本要求

一、加强身体训练的意义

烹饪刀工，是一项劳动强度大、操作时间长、消耗体力多的工作，故对从事刀工工作的人员的身体素质要求很高。

在进行刀工操作的时候，不仅需要持久的体力和耐力，也需要灵活的腕力和臂力，才能行刀稳定、运刀自如、出刀有力、落刀准确。否则，身体素质差，体力和耐力不足，在持刀操作时，必然失去稳定性，致使刀法变形，降低原料的规格质量，严重的甚至会碰伤手指，造成事故。

凡是刀工技术全面、技法娴熟、应变能力强的厨师，无论从体力上、耐力上以及指法和刀法上，都要做到灵活自如，落刀轻重得当。因此，加强身体素质及手指、手腕、臂力的训练，增强体质，对于提高刀工技能，保证菜肴质量具有重大的意义。

二、身体训练及其方法

身体训练的方法很多，除了进行日常的体育锻炼、加强身体各部位的基本训练以外，可结合自身特点选择一些运动来进行耐力、体力以及柔韧性的练习如单扫、哑铃训练等。

三、腕力及手指灵活性的训练

刀工是通过人的双手来操作的。因此，增强腕力、臂力和手指的灵活性具有重要意义。下面介绍几种练习方法：

1. 空切练习

这是一种不用实物的练习方法。主要目的是，通过模拟不同刀法的练习，体会实际刀法的动作和手指移动时的灵活性。当“空切”练习一段时间后，可加快行刀速度，以便增强腕力和臂力及其灵活性。这对熟悉刀法、掌握刀法都有一定的辅助作用。

2. 强度练习

此种方法是在“空切”的基础上，采用废旧报纸作为“原料”，结合“切”“剁”等方法进行练习，练习时可加大训练强度，提高手指移动的灵活性，增加运刀频率，能有效地增强肌肉力量。练习的方法是，把报纸裁成纸条，重叠两层，结合刀法进行练习。采用这种方法进行练习，具有一定的真实感，这对掌握刀法、指法、刀距都有辅助和促进作用，为节约省原料可用面团反复练习。

任务 2　掌握目测法和指法的应用

目测法和指法是学习刀工技术的重要内容。两者关系紧密，既相互作用，又相互依存。经刀工切制的原料，如薄厚、宽窄、长短、大小是否均匀，主要取决于准确的目测力和准确运用指法的能力。

一、目测能力及其作用

所谓目测能力，是指用眼睛测量加工成形的原料是否合乎规格的能力。原料经过刀工处理的规格，不是用尺子来量的，而是通过操作者的眼睛来测量的。因此，目测水平的高低，取决于操作者对刀工的实践经验和掌握料形、尺度的程度，它关系到原料成形后的刀工质量。只有熟练掌握不同规格的料形和尺寸，不断提高目测力，并经过反复实践，才能在工作中做到得心应手，运用自如。

二、手掌和指法的作用

从事刀工工作，手是计量和掌握切割原料的尺子。通过这把“尺子”的正确运用，才能加工所需要的原料形状。因此，了解手掌及各个手指的作用，充分运用手掌和指法进行操作，对提高刀工技能、保证菜肴质量具有重要作用。

手掌和各个手指在刀工操作时，既分工又合作，相互作用，相互配合。操作时的基本手势为：五指合拢，自然弯曲弓（见图 2-1）。

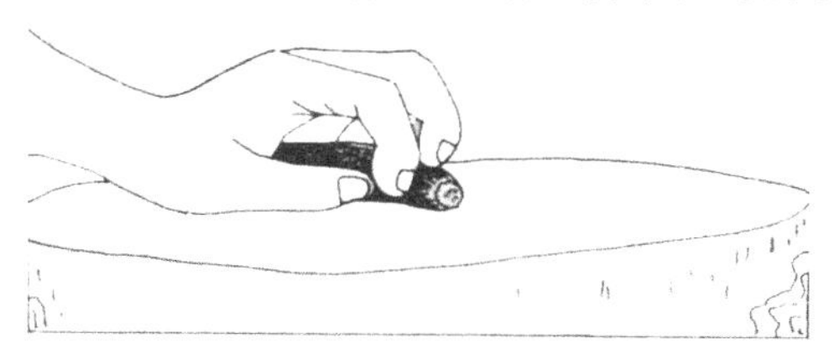

图 2-1

五指及其手掌的作用分别表述如下：

1. 中指

操作时，中指第一关节向着手心略向里弯曲，并紧贴刀膛，轻按原料，主要作用是控制“刀距”。

2. 食指和无名指

操作时食指和无名指向掌心方向略微弯曲，垂直朝下用力按住原料以避免原料滑动。

3. 小拇指

操作时小拇指要自然弯曲，呈弓形，配合并协助无名指按住原料，防止原料左右滑动。

4. 大拇指

操作时大拇指要协助食指、小拇指共同扶稳原料，防止行刀时原料滑动。同时，大拇指起着支撑作用，避免重心力集中在中指上，造成手法移动不灵活和刀距失控。

5. 手掌

操作时手掌起到支撑作用。手掌必须紧贴墩面，重心集中到手掌上，才能使各个手指发挥灵活的作用。否则，整只手的压力及重心必然前移至五个手指上，使各个手指的活动受到限制，发挥不了五个指头应有的作用而且刀距也不好掌握。

五个手指的操作方法（见 2-2 ）。

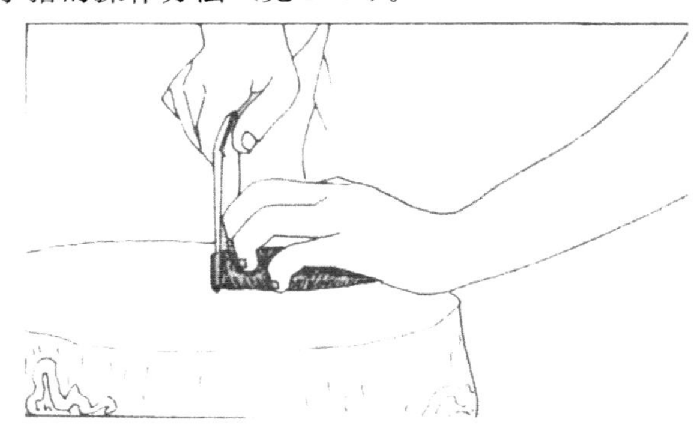

图 2-2

任务 3　掌握刀工的基本要求

烹饪原料在刀工的作用下，被分割成各种不同的形态，以适应烹调工序的需要。在加工切割原料时，应遵循如下几条原则。

一、整齐划一

经刀工切割出来的料形，无论是丁、丝、条、片、块、粒还是其他的形状，都应做到“粗细均匀、长短一致、厚薄均匀、整齐美观”，这样的料形便于原料在正式烹调时受热均匀，并使各种调味品充分地渗透到菜肴内部。如果成形后的原料形态杂乱、有薄有厚、有粗有细、大小不匀、长短不齐，必然给烹调工序造成不应有的麻烦。

二、清爽利落，连断分明

运用刀法，使加工出来的料形，不仅要美观整齐，还要使原料的断面平整，不出毛边，更不应似断非断、藕断丝连。需要剞花的，要求刀距、宽窄、深浅、倾斜度，都要一致，不可随意操作。

三、配合烹调

原料形状加工的大小，一定要适应具体的烹饪技法的需要，如溜、爆、炒等烹调方法，加热时间短，旺火速成，这就要求料形以小、薄、细为宜；焖、烧、炖、靠、扒等烹调方法，因加热时间长，火力较小，料形以粗、大、厚为宜；辅料的形状和大小要服从主料，一般情况下应小于主料、少于主料。

四、合理利用

刀法应用必须合理，切割不同质地的原料，要采用不同的刀法。韧性的原料在切片时，一般应采用推切或拉切；质地松散或蛋白质变性的原料，如面包、酱肉，一般应采用锯切。选择合适的刀法，能使切割出来的原料刀口整齐，省时省力，相反，就会把原料切碎、切破，导致加工质量的下降。

五、物尽其用

在加工处理原料时，要充分考虑到它的用途。落刀时要心中有数，合理用料，做到大材大用，小材小用，合理搭配，充分利用，不要盲目下刀，以免造成浪费。

任务4　熟悉刀工的加工对象

刀工的加工对象，是可供人类食用的各种烹饪原料，如鸡、鸭、鱼、肉、瓜、菜、藕、笋等，都是刀工的加工对象。操作时不论加工哪种原料，都必须选择与之相适应的刀法，才能有效地把原料切成合乎要求的形状。因此，了解和熟悉各种原料的性能，是选择刀法的前提。

我国地域广阔，原料品种繁多，质地各异，但是按其质地不同大致可以分为以下五种：

一、韧性原料

韧性原料，多指动物性原料，因其品种、部位不同，“韧性”的强弱程度也不尽相同。

1. 韧性强的原料

这类原料含有丰富的结缔组织，纤维粗韧，肉质弹性大，含水量少，柔韧性强。例如：牛的颈肉、前腱子肉、羊的颈头肉、前腿肉、后腿肉、猪的颈肉、夹心肉、奶脯肉、前蹄膀、后蹄膀、坐臀肉、鸡、鸭的腿肉等。

2. 韧性弱的原料

这类原料纤维组织细嫩，含水量高，经过分档、去除筋膜、减少结缔组织，就会降低韧劲。例如：牛的里脊肉、通脊肉，羊的通脊肉，猪的通脊肉，鸡脯肉，鱼肉，虾肉，水发鱿鱼等。

二、脆性原料

脆性原料，含水量高、脆嫩新鲜，多指植物性原料。例如：黄瓜、土豆、萝卜、山药、冬瓜、蒜苗、四季豆、芹菜、油菜、白菜、藕、竹笋、莴笋等。

三、软性原料

软性原料，是指经过加热处理或腌渍加工的动植物原料。这种加工工艺改变了原料固有的质地，使原料的质地变得松软。

1. 动物性原料

主要指经过酱锅、白煮、清蒸等加热处理后的原料。如酱牛肉、白肉、清蒸蹄膀等。

2. 植物性原料

主要指经过焯水或腌渍的胡萝卜、莴笋、冬笋等。

3. 加工原料

加工原料是一种按照某种意图专门经过人为加工的原料。如：圆火腿、肉糕、虾肉卷、蛋卷、黄白蛋糕、豆腐、白豆腐干等。

四、硬性原料

硬性原料，通过盐腌、日晒、风吹等方法加工处理以后，使原料的结构组织细密、硬实。如火腿、香肠、风肉、海蜇等。

五、松软性原料

这类原料结构组织疏松，呈膨松状，松软易碎。如面包、馒头等。

任务5　掌握刀工的基本姿势

刀工姿势是厨师的一项重要的基本功。内容包括：站案姿势、握刀手势、放刀位置和携刀姿势。每一种姿势都有着严格的要求，任何一个厨师都不能随意而为。

一、站案姿势

正确的站案姿势，要求身体保持自然正直，自然挺胸，头要端正，双眼正视两手操作的部位，腹部与菜墩保持 10～15 厘米的距离（见图 2-3）。菜墩放置的高度应以操作者身高的一半为宜，以不耸肩、不卸肩为度。双肩关节要自感轻松得当（见图 2-4）。

站案时脚的姿态有两种：一种方法是，双脚自然分开站立，呈外八字形，两脚尖分开，与肩同宽（见图 2-5）；另一种方法是，呈稍息姿态（见图 2-6）。无论选择哪种方法，都要始终保持身体重心稳定，有利于控制上肢和灵活用力的方向。

初学刀工，容易出现很多错误动作，如歪头、拱腰、驼背、身体前倾、手动身移、重心不稳，久而久之就养成不正确的姿势，不仅影响身体健康，而且还会影响刀技的正常发挥。

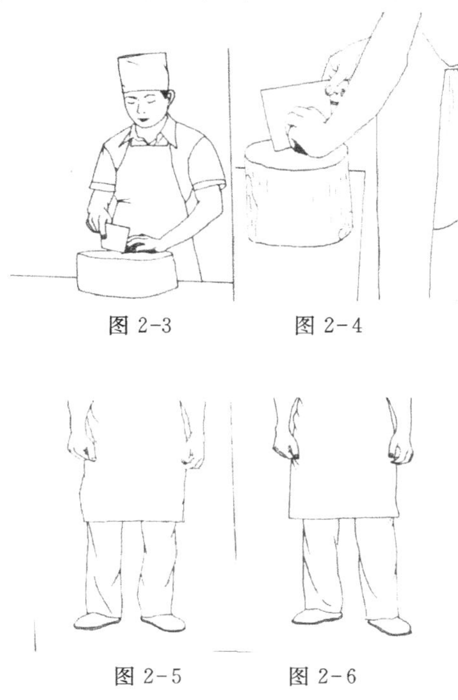

图 2-3　　图 2-4

图 2-5　　图 2-6

二、握刀手势

在刀工操作时，握刀的手势与原料的形状、质地和刀法有关。

使用的刀法不同，握刀的手势也有所不同，但总的握刀要求是稳、准、狠，操作时还要做到“牢而不死、软而不虚、硬而不僵、轻松自然、灵活自如”(见图 2-7 、图 2-8)。

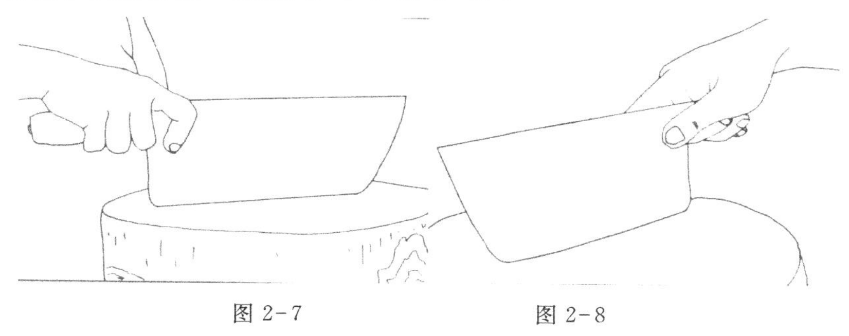

图 2-7　　图 2-8

初学者在握刀时最容易出现以下两种错误（见图 2- 9、图 2- 10)。这种姿势不仅不能把握住刀的作用点，而且常常因施力过大，出现脱刀伤手的情况。同时切料时因刀身不稳而影响加工的质量。

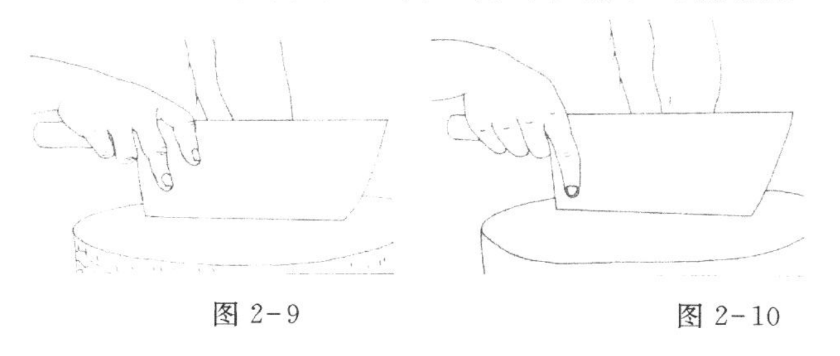

图 2-9　　图 2-10

三、放刀位置和携刀姿势

刀工操作完毕后，刀的摆放位置、摆放方向和携带姿势都有严格的要求。随意放刀或错误地携刀，往往会给刀工操作者本人及相邻人员带隐患，可能会出现不应有的事故。

正确的放刀位置应当是：每次操作完毕以后，应将刀具放置墩面中央，刀口向外，前不出尖，后不露柄，刀背、刀刃都不应露出墩面（见图 2- 11)。

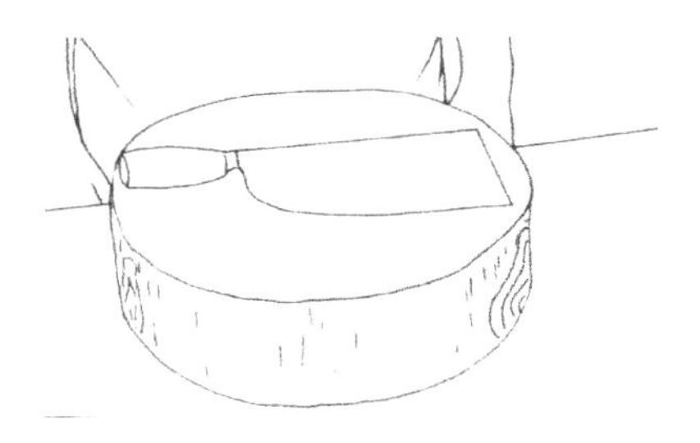

图 2-11

下面还有几种常常出现的不良放刀习惯，都应该加以纠正（见图 2-12、图 2-13、图 2-14）。

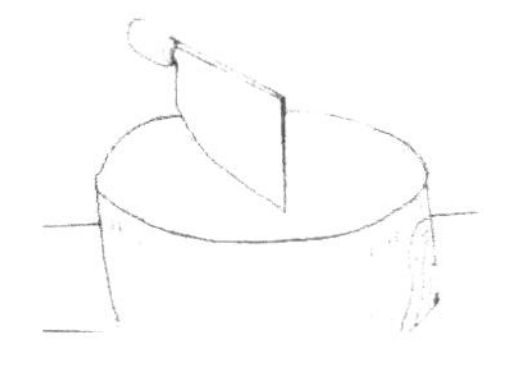

图 2-12

图 2-13

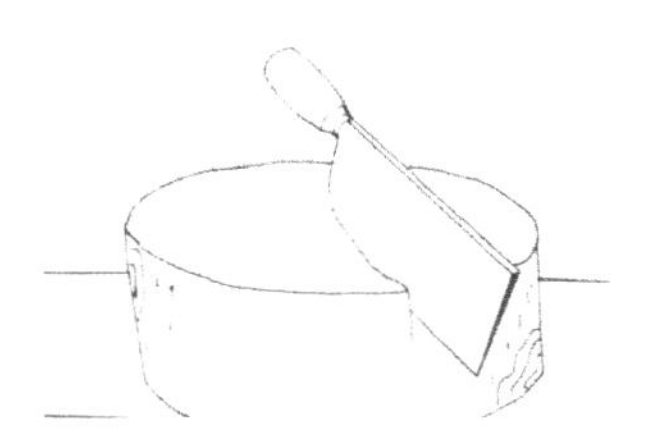

图 2-14

当刀具用毕之后，需要将刀挪动位置，携出车间保藏时，必须严格按照要求，保持正确姿势：右手横握刀柄，紧贴腹部右侧，刀刃向上。携刀走路时，切忌刀刃朝外，手舞足蹈，以免伤害自己和伤害他人。

项目三　掌握刀工的基本原理

任务1　掌握刀口的锋利与用力的关系

刀口锋利有两方面含义：一方面是指刀口很薄，另一方面是指刀口与原料之间的接触面积很小。刀口在不锋利时，能够看到刀口处有一白线，这一白线就是刀口锋面。随着对刀的不断磨砺，这一白线逐渐变得肉眼看不见了，这就是人们所说的“刀口锋利”了。刀口锋利，不仅在切料过程中觉得快而省力，而且切割的原料也没有毛边。“磨刀不误砍柴工”，我们在使用刀具的过程中应时刻保持刀具的锋利，当刀口锋利时，很容易克服原料的阻力，很容易将原料切开。刀的锋口与被切原料接触的面积小，则在刀与原料接触处产生的压强也就大。

压强＝压力/面积（$P=F/S$）

由压强的计算公式可以看出，当压力F固定不变时，刀与原料的接触面积S越小，产生的压强P就越大。当压强大到一定强度时，就会超过原料断裂强度，从而使原料断开。

由这个计算公式可以看出，当切断原料所需要的压强固定不变时，刀锋与原料接触的面积越小，施加在刀上的压力也就越小，切断原料也就越省力。

任务2　掌握刀具的薄厚与用力的关系

薄刀与厚刀，重量是不同的。使用这两种类型的刀具去切割相同的原料时，倘若切割速度、加工时间和作用力都固定不变的话，那么切割的效果是不相同的。采用薄刀切割时，会觉得轻飘飘的，用不上劲，同时刀锋所受的压强很大，极易形成缺口。采用厚刀切割时，则没有用不上劲的感觉，原料很容易被切开，原因是刀越厚，分量越重，运动惯性越大，产生在刀上的外力也越大，因而就越省力。正因为如此，切割原料时所采用的刀大都是厚背厚膛，尖劈角也大，以增加其重量。

任务3　掌握刀工技法与用力的关系

任何一种刀法，都是在外力的作用之下，沿着力的方向实现目的。由于所施外力方向的不同，刀锋的作用点也不同。所谓“作用点”，就是刀锋对原料切割时的有效部位。在运用刀法切割原料的过程中，“作用点”会随着外力方向的变化而变化。

刀锋是怎样通过“作用点”把原料切开的呢？首先，刀锋受力的大小，主要决定于操作者所施外力的大小。其次是刀的重力的作用。所施外力越大，“作用点”所受的压强就越大。然而，由于一些刀法在实际应用过程中限制了运行的距离，从而使其难以在短距离内达到较高的速度，这样也就不能在“作用点”上产生理想的作用力。例如直切这种刀法，操作时左手按原料，右手持刀，并用左手中指指背第一关节的部位抵住刀膛，通过加在刀上的外力使刀沿着力的方向垂直落下，“作用点”在刀锋的前端接触原料的部位。这种刀法由于受到中指关节的限制而不能把刀抬得过高，这样就使刀的运用距离相应缩小，加在刀上的外力自然也就小了。用直切刀法加工原料，只适用于各种脆性原料，而不适宜韧性原料。

直切时加在刀上的外力，受到运行距离的限制，很难切断韧性原料。如果采用推切或拉切的加工技法，就可以使直切解决不了的问题迎刃而解了。推切或拉切的刀法，刀是向斜下方运行的，所用的力是垂直力与水平力的结合，“作用点”自刀锋的前部移动到中部，从而使刀有较长的运行距离，产生较高的运行速度。刀具有了较高的运行速度以后，“作用点”上也就产生较大的作用力，原料也就容易被切断了。

项目四　掌握烹饪刀法

烹饪刀工技法简称刀法。明确地说，是根据原料的性质及烹调和食用的要求，将原料加工成一定形状时所采用的行刀技法。刀法的种类很多，各地的名称也有差异，但根据刀锋与墩面接触的角度或刀锋与原料的接触角度，大致可分为直刀法、平刀法、斜刀法和混合刀法等四大类，每大类刀法根据刀的运行方向又可分出若干种类。

任务1　直刀法训练

直刀法是指刀与墩面或刀与原料接触面呈90度，即始终保持刀具垂直的行刀技法。这种刀法按照用力大小的程度，可分为切、砍、剁等。

一、切法训练

1. 直刀切（又称跳切）

这种刀法在操作时要求刀与墩面垂直运动，从而将原料切断。这种刀法主要用于把原料加工成片的形状，然后在片形基础上，再使用其他刀法，还可加工出丝、条、段、丁、粒、末或其他形状。操作方法：左手扶稳原料（见图4-1、图4-2）。

图4-1

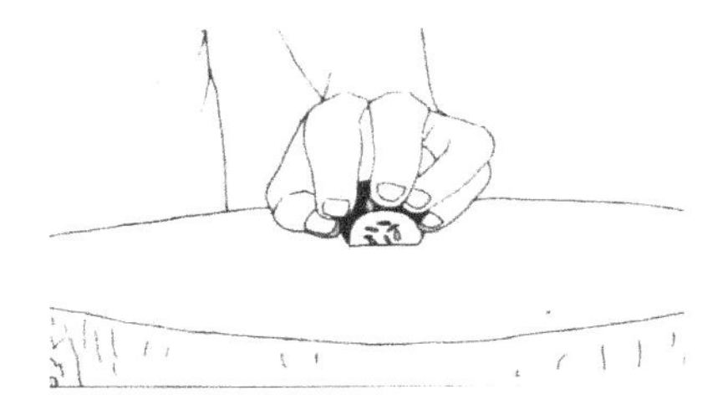

图 4-2

用中指第一关节弯曲处顶住刀膛，手掌按在原料或墩面上（见图 4-3）。

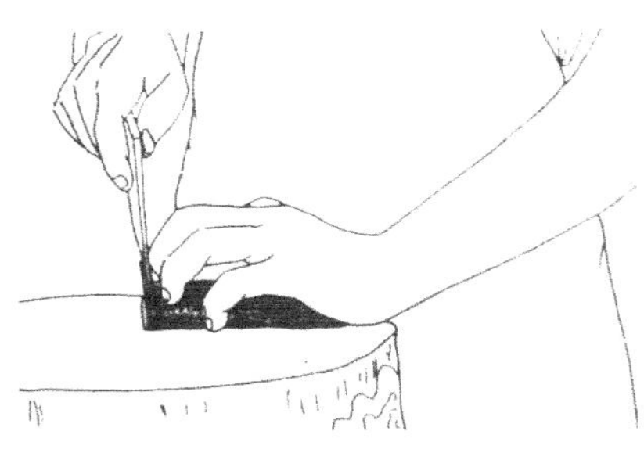

图 4-3

右手持刀，用刀刃的中前部位对准原料被切位置（见图 4-4）。

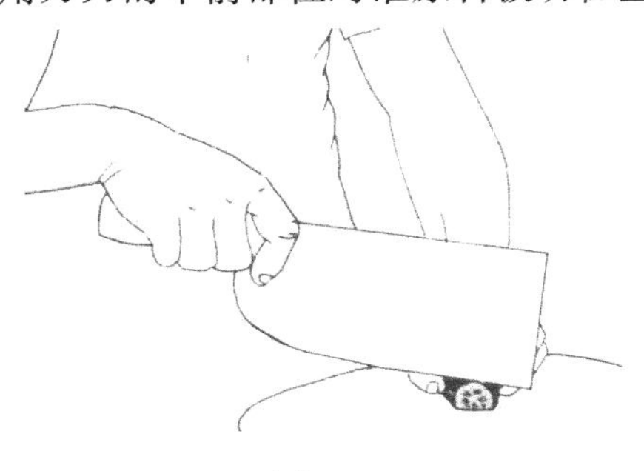

图 4-4

刀垂直上下起落将原料切断（见图 4-5）。如此反复直切，直至切完原料为止。

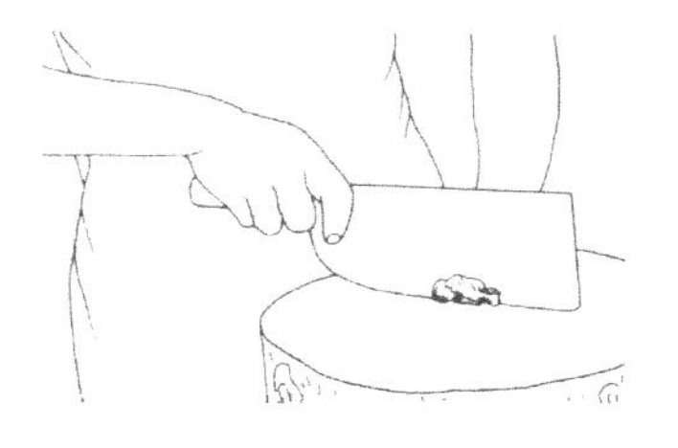

图 4-5

技术要求：左手运用指法向左后方向移动要求刀距相等，两手协调配合，灵活自如。刀在运行时，刀身不可里外倾斜，作用点在刀刃的中前部位。适用原料：适宜加工脆性原料，如白菜、油菜、南荠（荸荠）、鲜藕、葛笋、冬笋、萝卜等。

2. 推刀切

这种刀法操作时要求刀与墩面垂直，自上而下从右后方向左前方推切下去，一推到底，原料断开。这种刀法主要是用于把原料加工成片的形状。然后在片的形状的基础上，再施用其他刀法，加工出丁、丝、条、块、粒或其他几何形状。操作方法：左手扶稳原料，用中指第一关节弯曲处顶住刀膛（见图 4-6）。右手持刀，用刀刃的前部对准原料被切的位置（见图 4-7）。

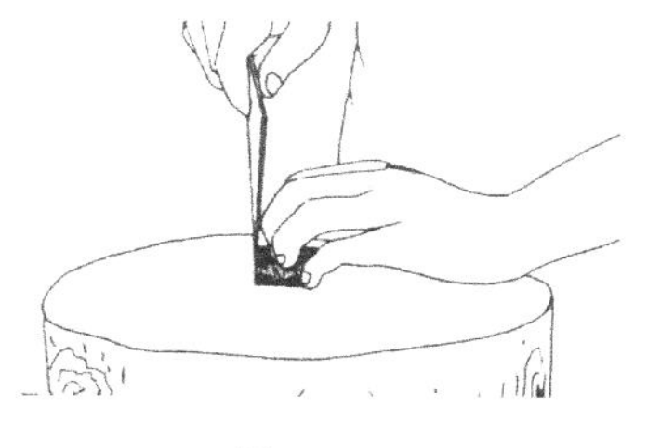

图 4-6

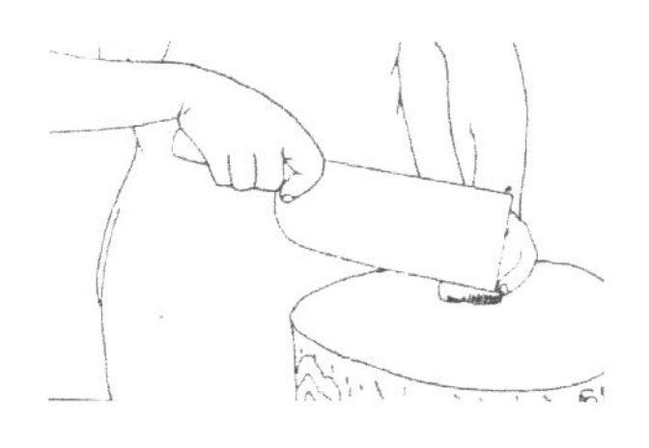

图 4-7

刀从上至下、自右向左推切下去，将原料切断（见图 4-8）。如此反复推切，至切完原料为止。

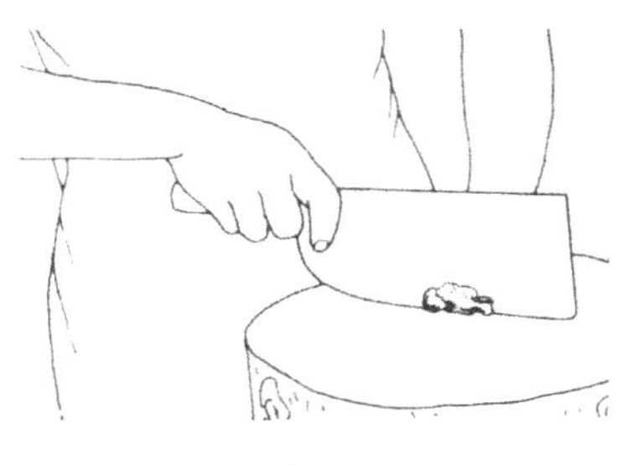

图 4-8

技术要求：左手运用指法朝后方移动，每次移动要求刀距相等。刀在运行切割原料时，通过右手腕的起伏摆动，使刀产生一个小弧度，从而加大刀在原料上的运行距离，用刀要充分有力，克服“连刀”的现象，一刀将原料推切断开。

适用原料：推刀切适宜加工韧性原料，如无骨的猪、牛、羊各部位的肉。对硬实性原料，如火腿、海蜇、海带等，也适宜用这种刀法加工。

3. 拉刀切

拉刀切是与推刀切相对的一种刀法。操作时，要求刀与墩面垂直，用刀刃的中后部位对准原料被切位置，刀由上至下，从左向右运动，一拉到底，将原料切断。这种刀法主要是用于把原料加工成片、丝等形状。操作方法：左手扶稳原料，用中指第一关节弯曲处顶住刀膛（见图 4-9）。

图 4-9

右手持刀，用刀刃的后部位对准原料被切的位置（见图 4-10）。

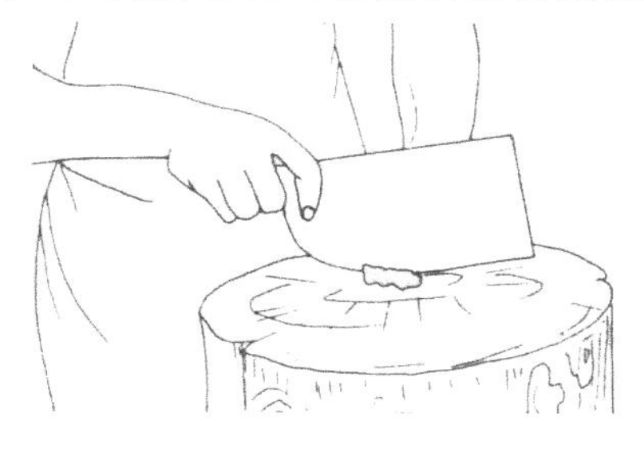

图 4-10

刀由上至下、自左向右运动，用力将原料拉切断开（见图 4-11、图 4-12）。如此反复拉切，直至原料切完为止。

图 4-11

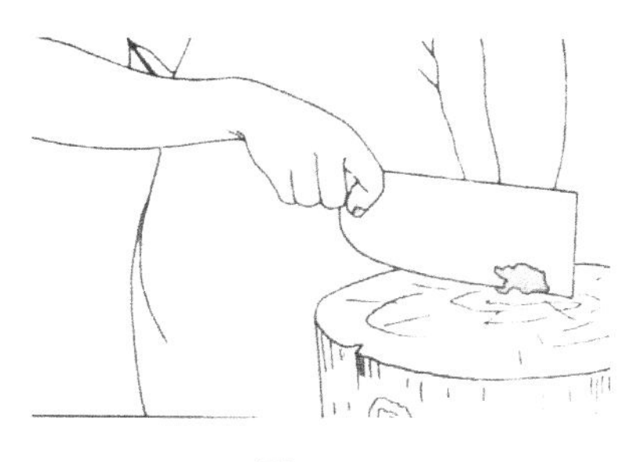

图 4-12

技术要求：左手运用指法向后移动，要求刀距相等。刀在运行时，通过手腕的摆动，使刀在原料上产生一个弧度，从而加大刀的运行距离，避免连刀现象，用力要充分有力，一拉到底，将原料拉

切断开。如此反复拉切，直至切完原料为止。

适用原料：拉刀切适宜加工韧性较弱的原料，如里脊肉、通脊肉、鸡脯肉等。

4. 推拉切

推拉切是一种推刀切与拉刀切连贯起来的刀法。操作时，刀先向前推切，接着再向后拉切。采用前推后拉结合的方法迅速将原料断开。这种刀法效率较高，主要用于把原料加工成丝、片的形状。

操作方法：左手扶稳原料，右手持刀，先用推切的方法切割原料，然后，再用拉切的方法，将原料切开。如此将推刀切和拉刀切连结起来，反复推拉切，直至切完原料为止。

技术要求：首先要求掌握推刀切和拉刀切各自的刀法，再将两种刀法连贯起来。操作时，用力要充分有力，动作要连贯。

适用原料：推拉切适宜加工韧性的原料，如里脊肉、通脊肉、鸡脯肉等。

5. 锯切

这种刀法操作时要求刀与墩面垂直，刀前后往返几次再行刀切下，直至将原料完全切断为止。这种行刀技法如木匠拉锯一般，故名“锯切”，锯切主要是把原料加工成片的形状。

操作方法：左手扶稳原料，中指第一关节弯曲处顶住刀膛（见图 4-13）。

图 4-13

右手持刀，刀刃的前部接触原料被切部位（见图 4-14)。

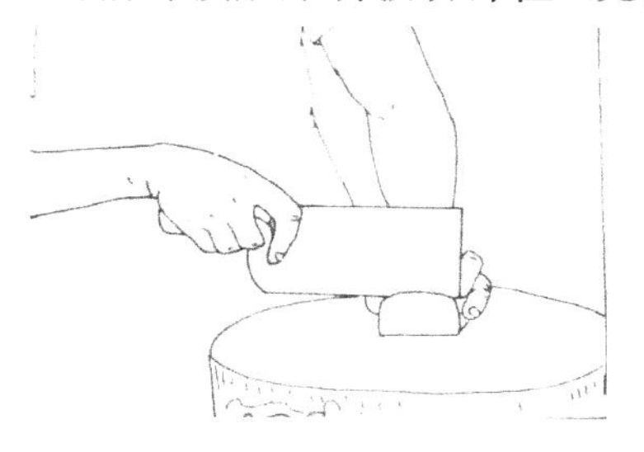

图 4-14

刀在运行时，先向前运行，刀刃移至原料的中部以后，再将刀向后拉回，如此反复多次，再将原料切断（见图 4-15、图 4-16)。

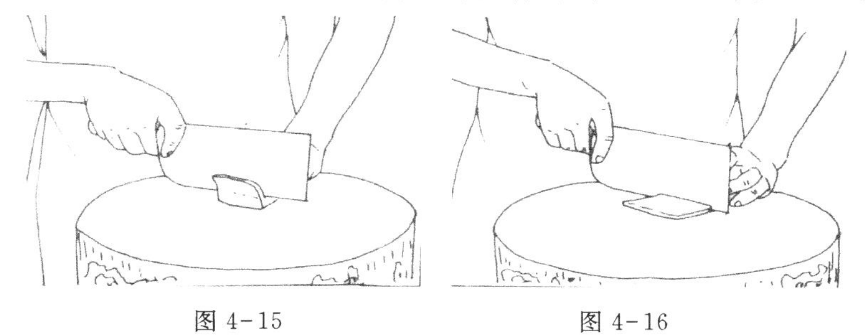

图 4-15　　图 4-16

技术要求：刀与墩面保持垂直，刀在前后运行时用力要小，速度要缓慢，动作要轻松，还要注意刀在运动时的压力要小，避免原料因受压力过大而变形。

适用原料：锯切适宜加工质地松软的原料，如面包、馒头等。对软性原料，如各种酱猪肉、酱牛肉、酱羊肉、黄白蛋糕等也适用这种刀法加工。

6. 滚料切

这种刀法在操作时要求刀与墩面垂直，左手扶料，不断朝一个方向滚动。右手持刀，原料每滚动一次，刀作直刀切或推刀切一次，将原料切断。运用这种刀法主要是把原料加工成块的形状。

滚料切是通过推刀切或直刀切来加工原料的。由于原料质地的不同，技法也有所不同。归纳起来有下列两种加工方法：

1. 直刀推切

主要用于加工韧性原料。

操作方法：左手扶稳原料，原料要与刀保持一定的斜度，用中指第一关节弯曲处顶住刀膛（见图 4-17）。

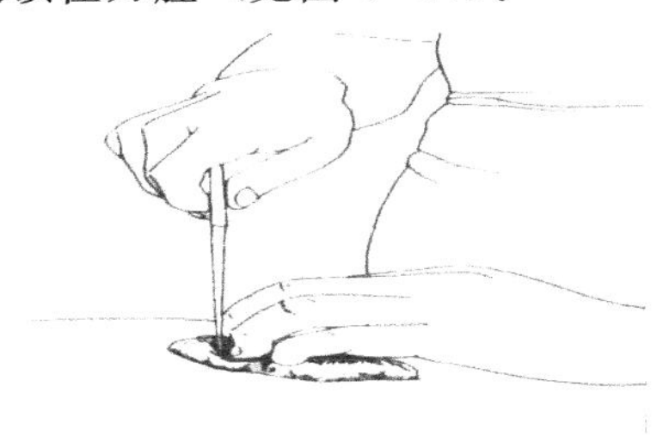

图 4-17

右手持刀，用刀刃的前部对准原料被切位置（见图 4-18）。

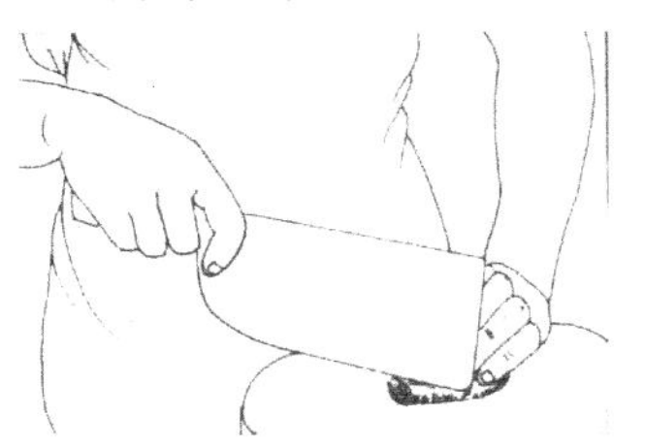

图 4-18

运用推刀切的刀法，将原料推切断开（见图 4-19、图 4-20）。每切完一刀后，即把原料朝一个方向滚动一次，再行推刀切，如此反复进行。

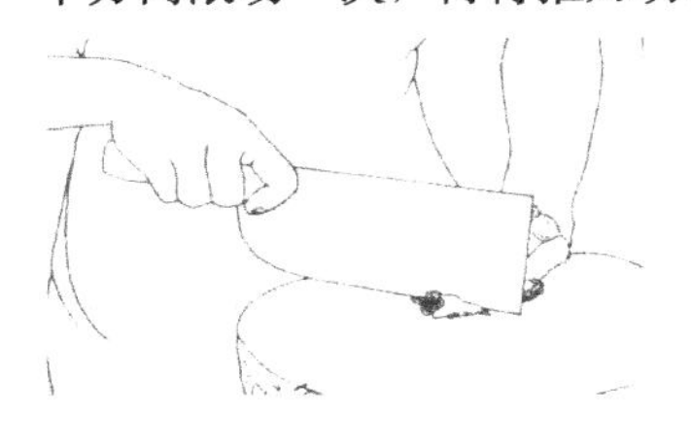

图 4-19

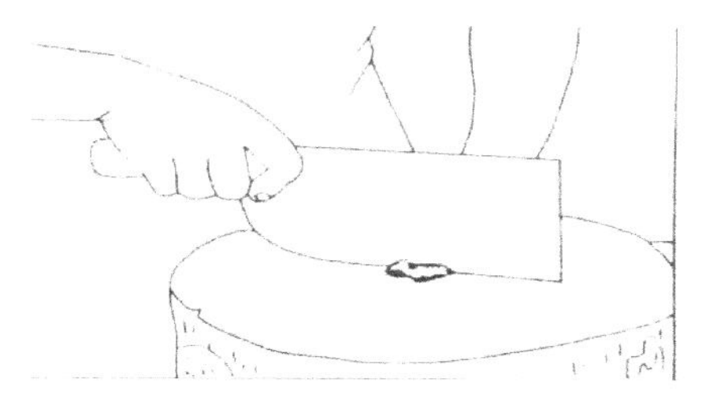

图 4-20

2. 直刀切

这种刀法主要用于加工脆性原料。

操作方法：左手扶稳原料，用中指第一关节弯曲处顶住刀膛（见图 4-21）。

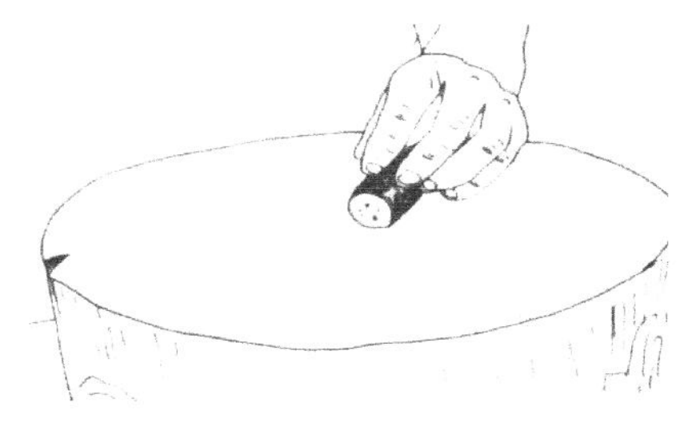

图 4-21

右手持刀，用刀刃的前部对准原料被切位置，原料与刀膛保持一定的斜度（见图 4-22）。

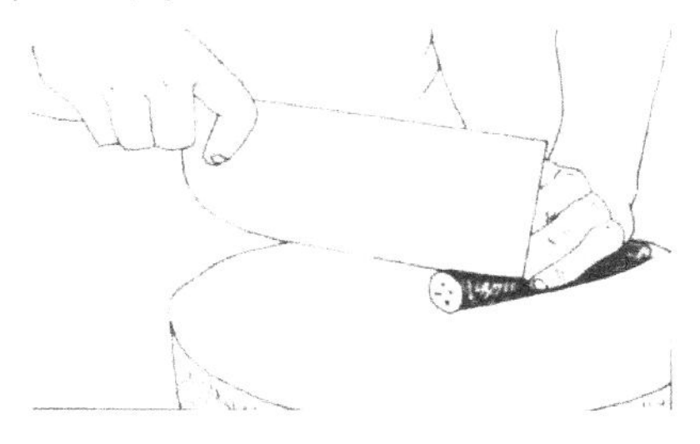

图 4-22

运用直刀切刀法，将原料切断（见图 4-23、图 4-24）。

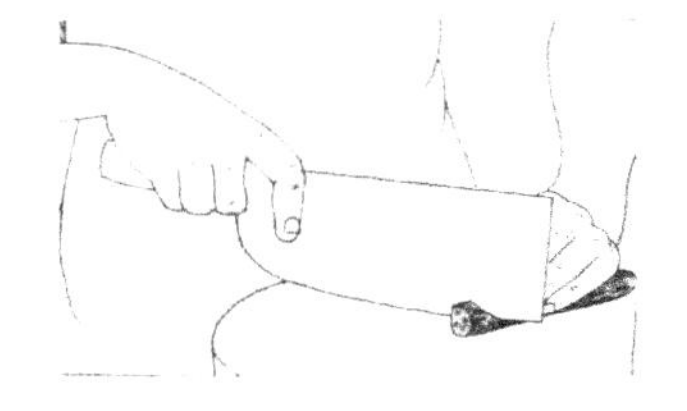

图 4-23

每切完一刀后，即把原料朝一个方向滚动一次，如此反复进行（见图 4-24、图 4-25）。

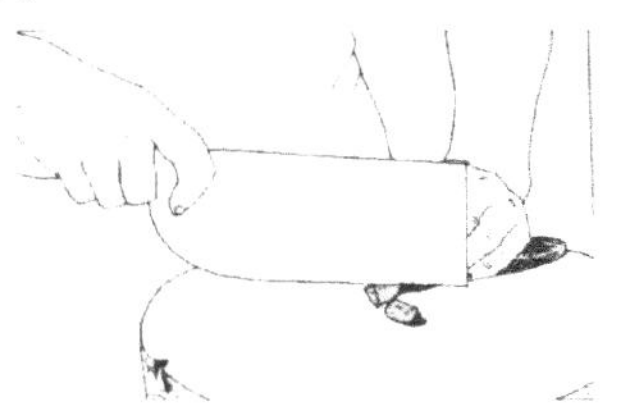

图 4-24

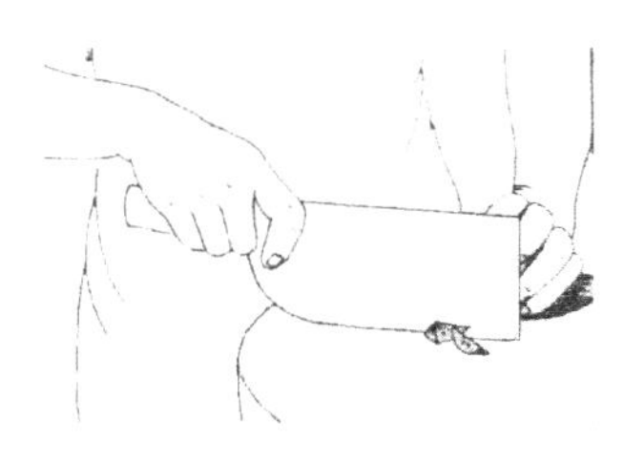

图 4-25

除了上述两种方法以外，还有一种滚刀切，即原料在切割时保持不动，菜肴刀具边切边滚，直至切断为止，因为这种刀法不属于直刀法，故在此不作介绍。

滚料切的技术要求：无论是加工哪种质地的原料，每切完一刀以后，随即要把原料朝一个方向滚动一次，每次滚动的角度要求一致，才能使成形原料规格保持一致。

适用原料：滚料切适宜加工一些圆形或近似圆形的脆性原料，

如各种萝卜、冬笋、莴苣、黄瓜、菱白、土豆等。

3. 铡刀切

这种刀法要求一手握刀柄，一手握刀背前部，两手上下交替用力压切。运用这种刀法主要是把原料加工成末的形状。

操作方法：左手握住刀背前部，右手握住刀柄，刀刃前部垂下，刀后部翘起，被切原料放在刀刃的中部（见图 4-26）。

图 4-26

右手用力压切（见图 4-27）。

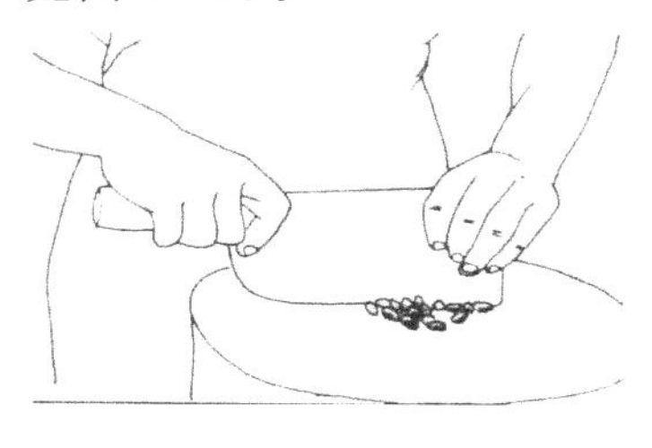

图 4-27

再将刀刃前部翘起（见图 4-28）。

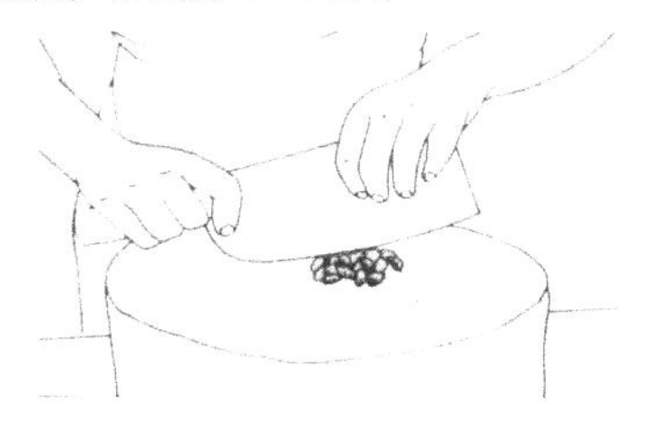

图 4-28

接着左手用力压切（见图 4-29）。如此上下反复交替压切。

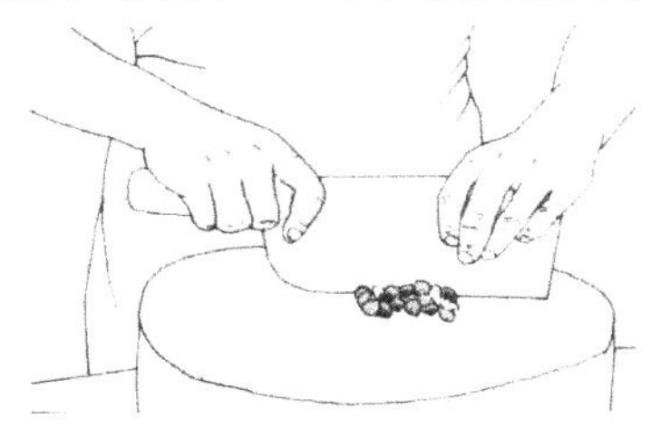

图 4-29

除了上述铡切以外，还有两种方法也可使用，即左手握住刀柄向下不动，用刀的前部或中前部对准原料，一上一下，将原料切断；也可以两只手交叉上下运动，将原料切断。

技术要求：操作时左右两手反复上下抬起，交替由上至下摇切，动作要连贯。

适用原料：铡刀切适宜加工带软骨或比较细小的硬骨原料，如蟹、烧鸡等。对形圆、体小、易滑的原料，如煮熟的蛋类等原料也适宜用这种刀法加工。

二、剁（又称斩）

1. 单刀剁

这种刀法操作时要求刀与墩面垂直，刀上下运动，抬刀较高，用力较大。这种刀法主要用于将原料加工成末的形状。

操作方法：原料放置在墩面中间，左手扶墩边，右手持刀，把刀抬起（见图 4-30）。

图 4-30

用刀刃的中前部位对准原料，用力剁碎（见图 4-31）。

图 4-31

当原料剁到一定程度时，用左手将原料拢起，右手使刀身倾斜，用刀将原料铲起归堆（见图 4-32）。再反复剁碎原料直至原料达到加工要求为止。

图 4-32

技术要求：操作时，用手腕带动小臂上下摆动，挥刀将原料剁碎，同时要勤翻原料，使其均匀细腻。用刀要稳、准，有节奏，同时注意抬刀不可过高，以免将原料甩出，造成浪费。

适用原料：这种刀法适宜加工脆性原料，如白菜、葱、姜、蒜等。对韧性原料，如猪、羊肉、虾肉等也适用剁法加工。

2. 双刀剁（又称排斩）

双刀剁操作时要求两手各持刀一把，两刀略呈“八”字形，与墩面垂直，上下交替运动。这种刀法用于加工成形原料，与单刀剁相同，但工效较高。

操作方法：两手各持一把刀，两刀保持一定距离，呈八字形

（见图 4-33）。

图 4-33

两刀垂直上下交替排剁，注意在排剁的过程中一定要持刀平衡，切勿相碰（见图 4-34 ），否则容易碰伤刀口。

图 4-34

当原料剁到一定程度时，两刀各向相反的方向倾斜，用刀将原料铲起归堆，然后，再继续行刀排剁（见图 4-35、图 4-36 ）。

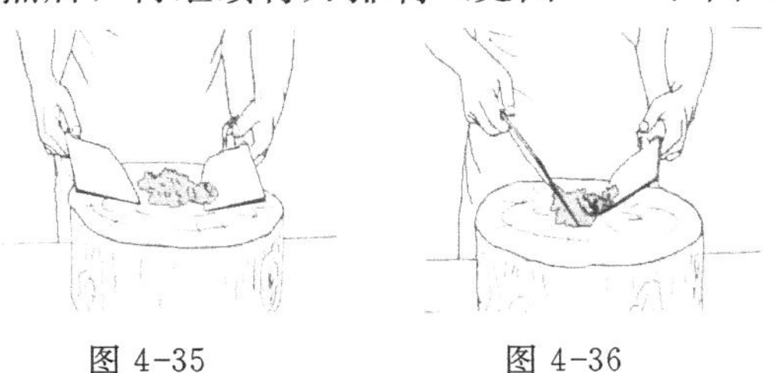

图 4-35　　图 4-36

技术要求：操作时，用手腕带动小臂上下摆动，挥刀将原料剁碎，同时要勤翻原料，使其均匀细腻，抬刀不可过高，避免将原料甩出，造成不应有的浪费。

另外，为了提高排剁的速度和质量，可以用两把刀先从原料堆的一边连续向另一边排剁，然后身体相对原料转一个角度，再行排剁，使刀纹在原料上形成网格状。

为了使排剁的过程不单调、不乏味，还可以使两只手按照一定的节奏（如马蹄节奏、鼓点节奏等）来运行，这样会排剁得又快、又好而且不乏味。

适用原料：双刀剁与单刀剁相同，都适宜加工一些脆性的原料，如白菜、葱、姜等；对猪、牛、羊肉、虾肉等韧性原料，也宜于用此刀法加工。

3. 单刀背捶

这种刀法操作时要求左手扶墩，右手持刀，刀刃朝上，刀背与墩面垂直，刀垂直上下捶击原料。这种刀法主要用于加工肉茸和捶击原料表面，使肉质疏松，或者将厚肉片捶击呈薄肉片。

操作方法：左手扶墩，右手持刀，刀刃朝上，刀背朝下，将刀抬起（见图 4-37 ）。

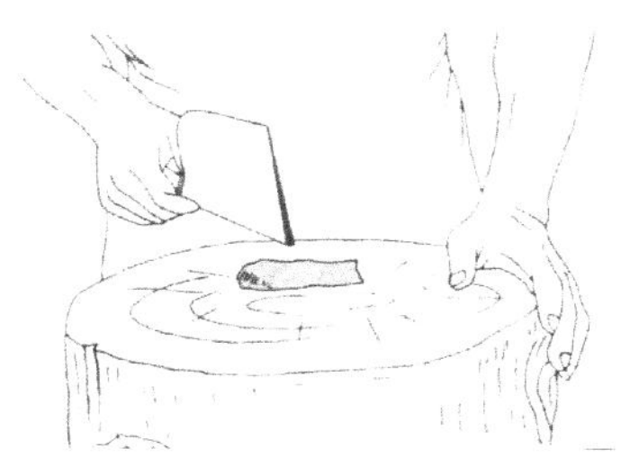

图 4-37

垂直向下捶击原料，如此反复进行（见图 4-38 ）。

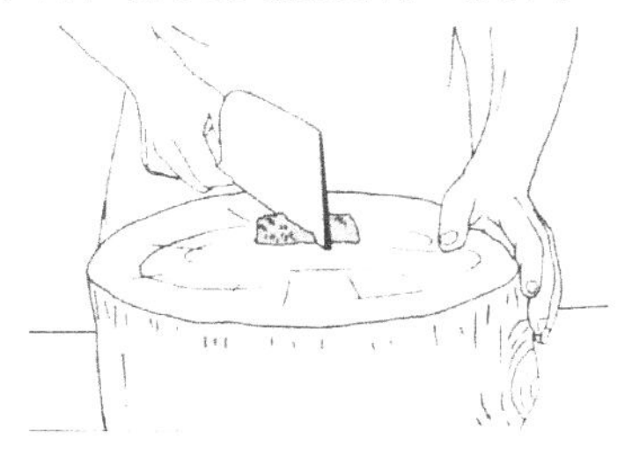

图 4-38

当原料被捶击到一定程度时，用左手将原料拢起，右手使刀身倾斜，用刀将原料铲起归堆，再反复捶击原料（见图 4-39），直至符合加工要求为止。

图 4-39

技术要求：操作时，刀背要与墩面保持垂直；应加大刀背与墩面之间的接触面积，不能只使用刀背的前端，并且使原料受力均匀，提高效率；持刀时用力要均匀，抬刀不要过高，避免将原料甩出；要勤翻动原料，从而使加工的原料均匀细腻。

适用原料：单刀背捶适宜加工经过细选的韧性原料，如鸡脯肉、里脊肉、净虾肉、肥膘肉、净鱼肉等。

4. 双刀背捶

这种刀法操作时要求左右两手各持刀一把，刀背朝下，与墩面垂直，两刀上下交替垂直运动。这种刀法主要用于加工肉茸等。

用此法加工原料，不仅工作效率比较高，而且加工的肉茸也比较细，质量好。

操作方法：左右两手各持刀一把，刀背朝下，两刀呈“八”字形（见图 4-40）。

图 4-40

两刀上下交替运行，用刀背捶击原料（见图 4-41）。当原料加工到一定程度时，刀刃向下，两刀向相反方向倾斜，用刀将原料铲起归堆，也可以直接用刀背从两边向中间推挤将原料归堆。然后再继续用刀背捶击原料，如此反复进行，直至达到加工要求为止。

图 4-41

技术要求：操作过程中一定要使两刀刀背与墩面保持垂直，加大刀背与墩面、刀背与原料的接触面积，并使原料受力均匀，从而提高效率。刀在运行时抬刀不要过高，避免将原料甩出，造成浪费，还要勤翻动原料，使加工后的肉茸均匀细腻。

适用原料：双刀背捶适宜加工经过细选的韧性原料，如鸡脯肉、净虾肉、净鱼肉、肥膘肉、里脊肉等。

5. 刀尖（跟）排

这种刀法操作时要求刀垂直上下运动，用刀尖或刀跟在片形的原料上扎排上几排分布均匀的刀缝或孔洞，用于斩断原料内的筋络、软骨或硬性的骨骼，防止原料因受热而卷曲变形或不方便造型，同时也便于调味品的渗透，还因扩大受热面积而使原料易于成熟。如加工“炸里脊”“炸大虾”“炸鸡柳”“整扒鸡”“扒整鸭”等。

图 4-42

操作方法：左手扶稳原料，右手持刀，将刀柄提起，用刀尖或刀跟垂下对准原料，以刀尖排为例（见图 4-42）。

刀尖在原料上反复起落，排扎刀缝或孔洞（见图 4-43）。如此反复进行，直至符合加工要求为止。

技术要求：刀在运行中要保持垂直起落；排剁的刀缝间隙或孔洞要均匀；用力不要过大，轻轻将原料扎透即可。

图 4-43

适用原料：刀尖排适宜加工厚片形的韧性原料，如大虾、通脊肉、鸡脯肉等；刀跟排适宜加工一些硬性的或带骨的原料，如鸡、鸭、鹅等，这些原料使用刀跟排不容易使刀刃受伤。

三、砍（又称劈）

1. 直刀砍（劈）

这种刀法操作时用左手扶稳原料，右手将刀举起，使刀保持上下垂直运动，用刀的中后部对准原料被砍的部位，用力挥刀直砍下去，使原料断开。这种刀法主要用于将原料加工成块、条、段等形状，也可用于分割大型带骨的原料。

操作方法：左手扶稳原料，右手持刀，将刀举起，用刀刃的中后部，对准原料被砍的位置（见图 4-44、图 4-45），一刀将原料砍断。

图 4-44　　图 4-45

技术要求：右手握牢刀柄，防止脱手伤人，但也不要握得太呆板，不利于操作。将原料在墩面上放平稳，左手扶料要离落刀处远一点，防止伤手。落刀要充分有力，准确，尽量不重刀，将原料一刀砍断。

适用原料：适宜加工形体较大的或带骨的韧性原料，如整鸡、整鸭、鱼、排骨和大块的肉等。

2. 跟刀砍（劈）

利用上述直刀砍的方法来加工原料时，如果一刀没有将原料断开，刀刃被嵌在原料中，这时就需要连续再砍一刀或几刀，直至将原料砍断为止，这种行刀技法称为“跟刀砍”。

用这种刀法操作时要求左手扶稳原料，刀刃垂直嵌牢在原料被砍的部位内部，刀运行时与原料同时上下起落，使原料断开。这种刀法主要用于将原料加工成块的形状。

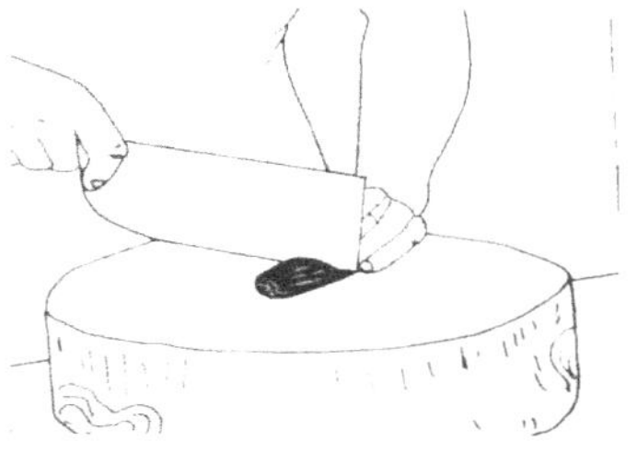

图 4-46

操作方法：左手扶稳原料，右手持刀，用刀刃的中前部对准原料被砍的部位，一刀砍下去却没有砍断，刀刃紧嵌在原料内部（见图 4-46 ）。

左手持原料与刀同时举起（见图 4-47、图 4-48 ）。

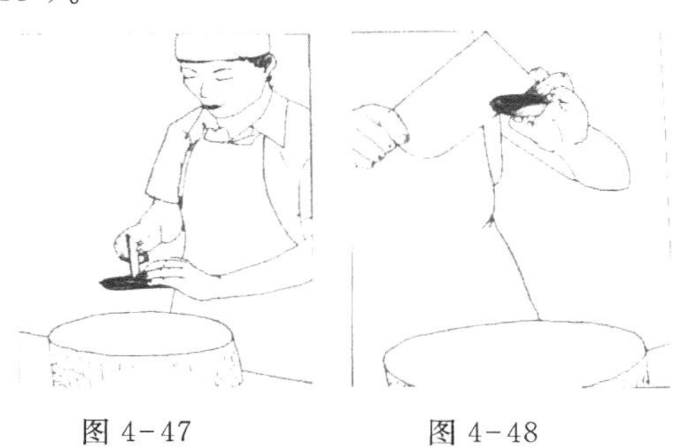

图 4-47　　图 4-48

刀与原料同时落下，用力向下砍断原料（见图 4-49、图 4-50）。如果还没有断开，可以连续地、如此反复进行，直至砍断为止。

如果原料形状较小，重量又比较轻，而且刀刃在原料中嵌得又比较紧，可以不用左手持原料，直接用右手持刀带着原料一起落下，将原料断开。

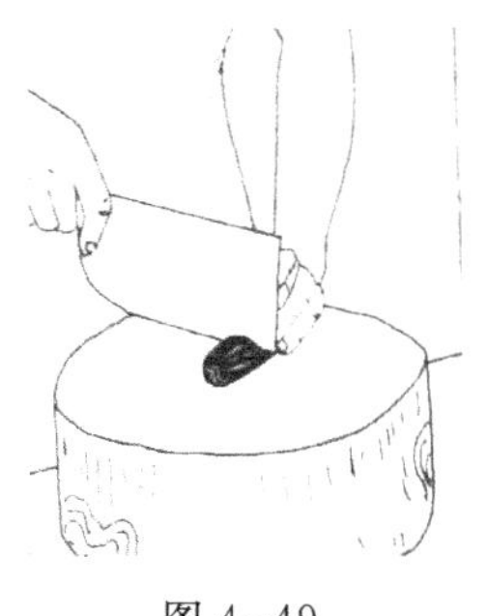

图 4-49

图 4-50

技术要求：左手持料要稳，选好原料被砍的位置，而且刀刃要紧嵌在原料内部，防止脱落引起事故。原料与刀同时举起同时落下，用力砍断原料，一刀未断开时，可连续再砍，直至将原料完全断开为止。

适用原料：跟刀砍适宜加工脚爪、猪蹄及小型的冻肉等。

3. 拍刀砍

这种刀法操作时要求右手持刀，将刀刃架在原料被砍的位置上，左手半握拳或伸平，用掌心或掌根向刀背拍击，通过左手拍击的作用力将原料砍断。这种刀法加工的准确度较高，主要用于把一些带皮、带骨的原料加工成整齐、均匀、大小一致的块、条、段等形状。

操作方法：左手扶稳原料，右手持刀，刀刃对准原料被砍的部位（见图 4-51 ）。

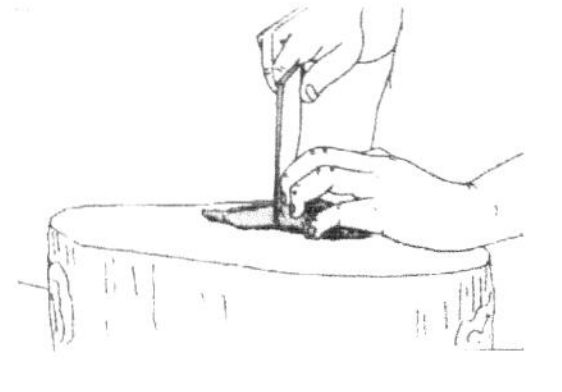

图 4-51

左手离开原料并举起（见图 4-52 ）。

图 4-52

用掌心或掌根拍击刀背，使原料断开（见图 4-53)。

图 4-53

技术要求：在行刀过程中，原料在墩面上一定要放平稳；用掌心或掌根拍击刀背时用力要充分均匀，原料一刀未断，刀刃不可离开原料，可连续拍击刀背直至原料完全断开为止。

适用原料：拍刀砍适宜加工圆形的、易滑的、质地比较坚硬的、带皮带骨的韧性原料，如鸭头、鸡头、酱鸡、酱鸭等。

4. 拍刀

这种刀法操作时要求右手持刀，将刀身端平，用刀膛拍击原料。拍刀主要用于拍松原料，放松原料组织或将较厚的韧性原料拍成更薄的肉片。

操作方法：左手将原料放置在墩面上，右手持刀，刀刃朝右，

将刀举起（见图 4-54）。

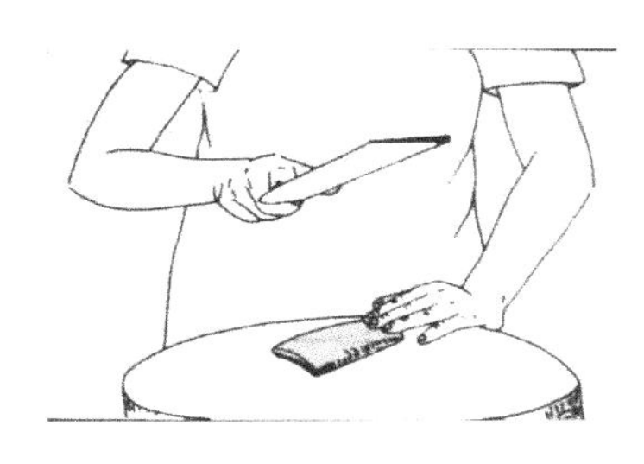

图 4-54

用力拍击原料。当刀拍击原料后，顺势向右前方外侧滑动或向后滑动，以便使刀具脱离原料，以免原料粘在刀具上（见图4-55、图 4-56）。

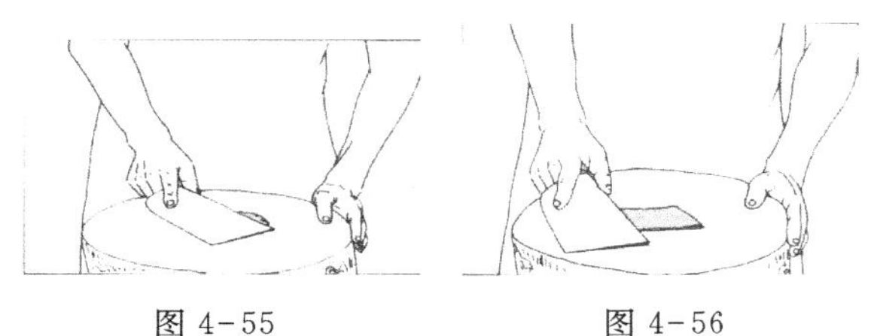

图 4-55　　图 4-56

技术要求：操作时，拍击原料用力大小要视不同情况具体掌握，以把原料拍松、拍碎或拍薄为度。用力要均匀。一次拍刀未达到目的，可再次行刀拍击。

适用原料：拍刀适宜加工脆性原料，如大葱、老蒜、鲜姜等。经过精选的猪、牛、羊各部位的瘦肉、鸡脯肉等韧性原料也适宜使用拍刀法来加工。

任务 2　平刀法训练

平刀法又叫批刀法，是指刀与墩面或刀与原料呈平行状态运行的行刀技法。这种刀法可分为：平刀直片、平刀推片、平刀拉片、

平刀抖片、平刀滚料片等。

一、平刀直片

这种刀法操作时要求刀膛与墩面或刀膛与原料平行，刀作水平直线运动，将原料一层层地片（批）开。应用这种刀法主要是将原料加工成片的形状。在片的基础上，再运用其他刀法加工成丁、粒、末、丝、条、段、块或其他形状。平刀直片（批）又可分为两种操作方法：

第一种方法：将原料放置在墩面里侧（靠腹侧一面），左手伸直，用手指或手掌抵住原料的左侧，右手将刀端平，用刀刃的中前部开始片（批）进原料（见图 4-57）。

图 4-57

刀从右向左片（批）进原料（见图 4-58、图 4-59）。

图 4-58

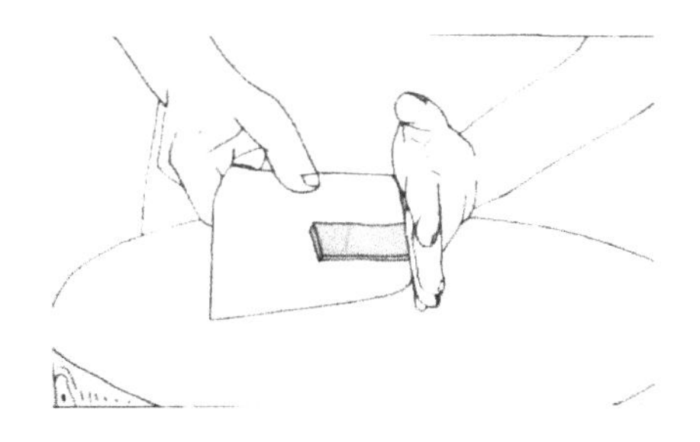

图 4-59

技术要求：刀身要端平，不可忽高忽低，保持水平直线片（批）进原料。刀在运动时，下压力要小，不要将原料按得过死，以免将原料挤压变形。

适用原料：此法适宜加工固体原料或加工性原料，如豆腐、豆腐干、鸡血、鸭血、猪血、火腿肠等。

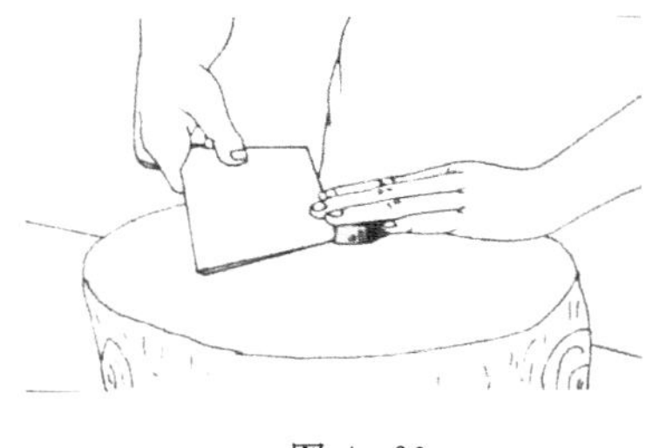

图 4-60

另一种方法：将原料放置在墩面里侧，左手伸直，按稳原料，手掌和大拇指外侧支撑在墩面上，右手持刀，刀身端平，对准原料上端被片（批）的位置，随着手指的测量厚度将刀具批进原料内部（见图 4-60）。

自右向左作水平直线运动，将原料片（批）断（见图 4-61）。

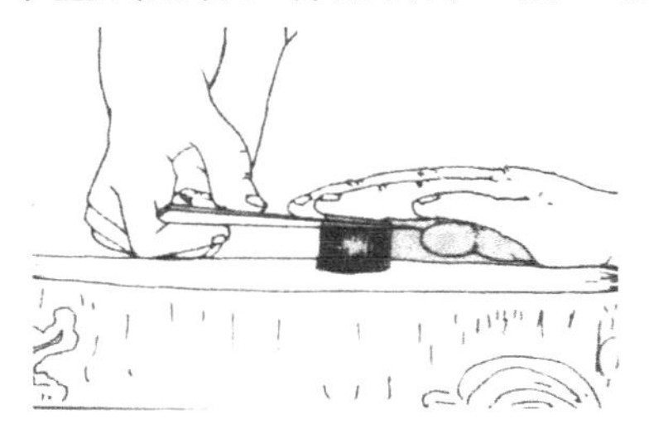

图 4-61

然后左手中指、食指、无名指微弓，并拉动已经片（批）下的

原料向左侧移动，与下面即将要片的原料错开一定的距离，一般以5～10毫米为宜（见4-62图）。

这样一方面使片好的原料离开一段距离，提高下一片目测或指测的准确度，另一方面使片好的原料有序地叠起，为下一步加工做好准备。

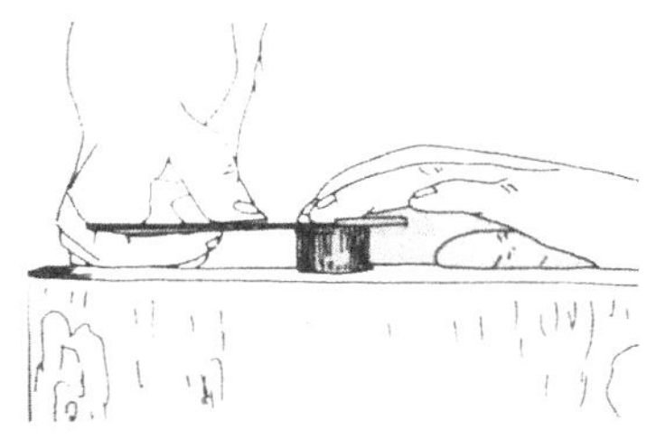

图4-62

按此方法，使片（批）下的原料片片重叠，呈梯形状态（见图4-63）。

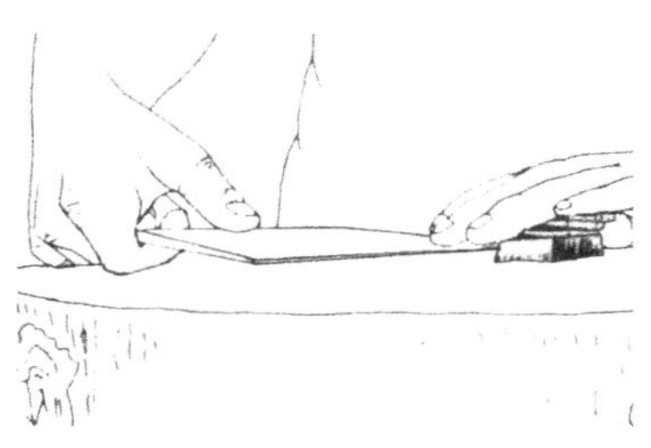

图4-63

技术要求：刀在运行时一定要将刀身端平，刀膛要紧紧贴住原料，从右向左运动，使片下的原料厚薄一致。

适用原料：此法适宜加工脆性原料，如土豆、黄瓜、胡萝卜、莴笋、冬笋等，质地细嫩的豆腐干、火腿肠等原料也可以使用此法加工。

二、平刀推片（批）

这种刀法操作时要求刀膛与墩面或原料保持平行，刀从右向左运行，将原料一层一层片（批）开。这种刀法主要用于把原料加工成片的形状。在片的基础上，再运用其他刀法将原料加工成丝、条、丁、粒等形状。

平刀推片（批）又可细分为两种操作方法：

1. 上片法

上片法，即在原料上端起刀片（批）进原料，将原料一层层地片（批）开。

操作方法：将原料放置在墩面里侧，距离墩面约 3 厘米处（见图 4-64）。

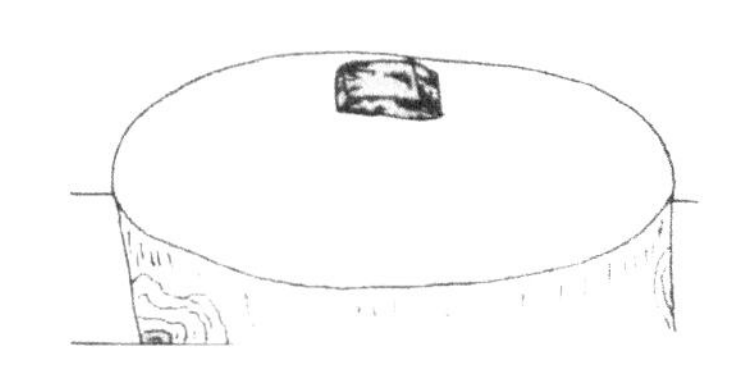

图 4-64

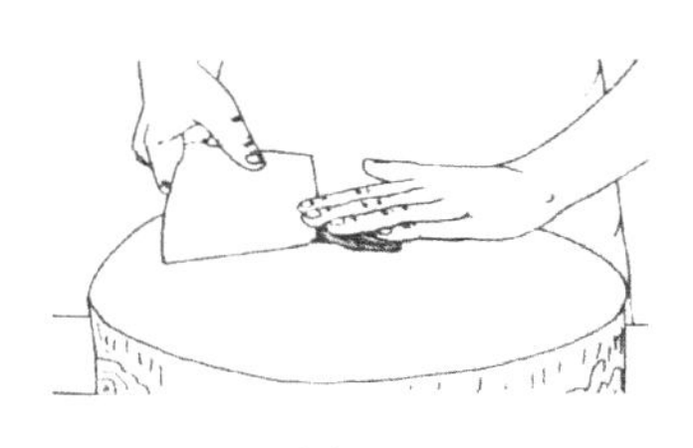

图 4-65

左手扶按原料，用手掌作为支撑点，根据手指的测量或目测的情况，用右手持刀，将刀刃的中前部对准原料上端被片（批）位置（见图4-65）。

刀从右向左片（批）进原料（见图 4-66）。

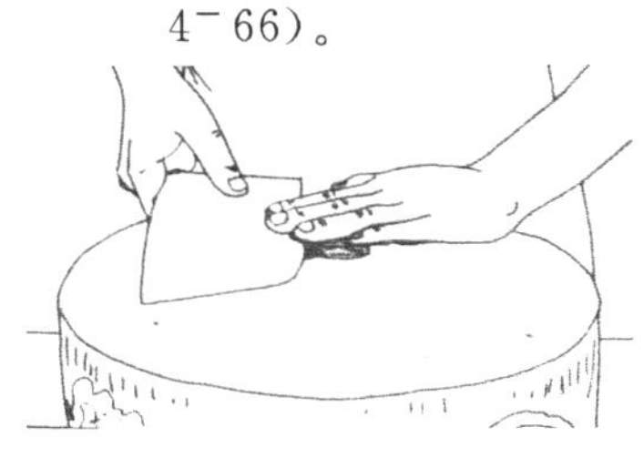

图 4-66

原料片（批）开之后（见图 4-67）。

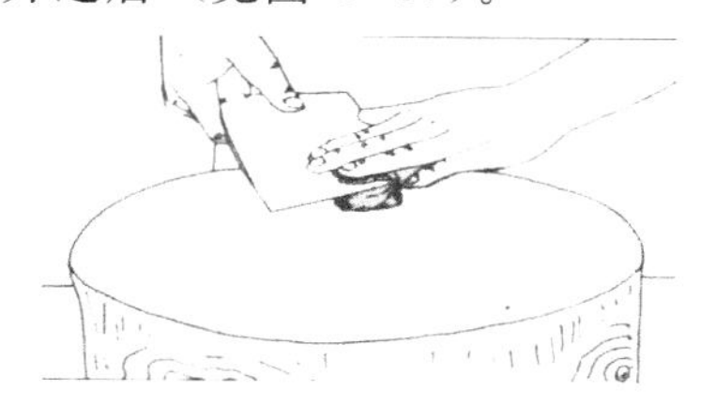

图 4-67

用手按住原料，将刀移至原料的右端（见图 4-68）。

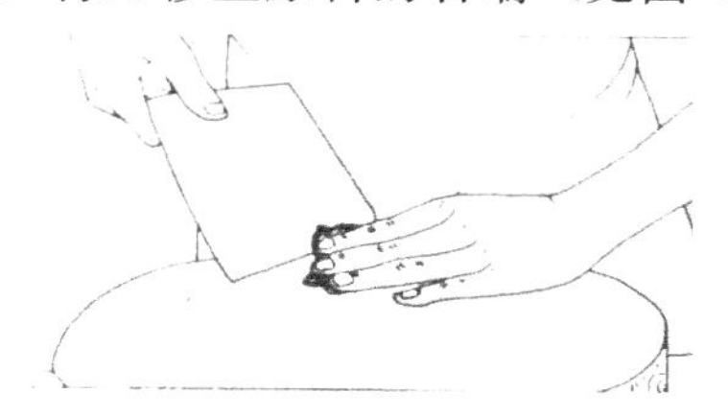

图 4-68

将刀抽出，脱离原料，用食指、中指、无名指托住原料翻转，将片好的片翻到左手的三个手指上（见图 4-69）。紧接着翻起左手掌，将片好的片放置在墩上（见图 4-70 ）。

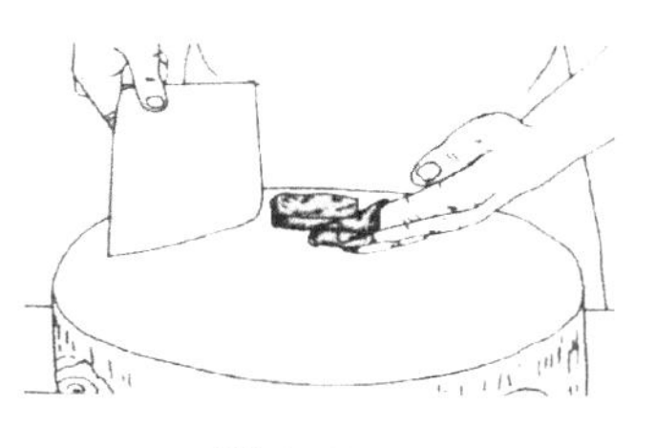

图 4-69

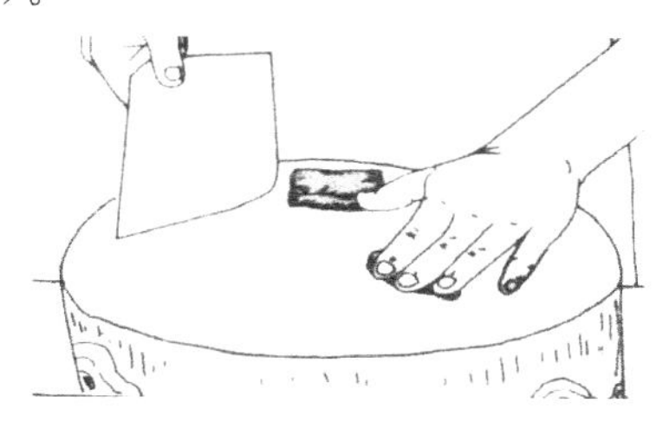

图 4-70

随即将手翻回（手背向上），将片（批）下的原料贴在墩面上，并将片摊平放置在墩面上（见图 4-71 ），为下一步的操作提供方便，如此反复进行，直至片完为止。

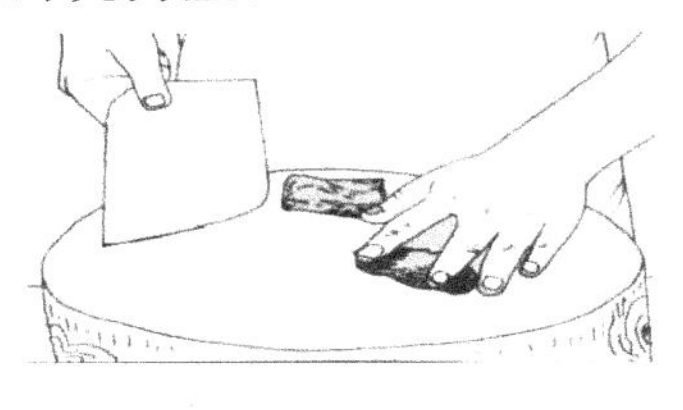

图 4-71

技术要求：在行刀过程中一定要把刀端平，用刀膛紧贴原料，从始至终动作要连贯协调。一刀未将原料片（批）开，可连续推片，直至将原料片（批）开为止。

适用原料：此法适宜加工韧性较弱的原料，如通脊肉、鸡脯肉等。

2. 下片法

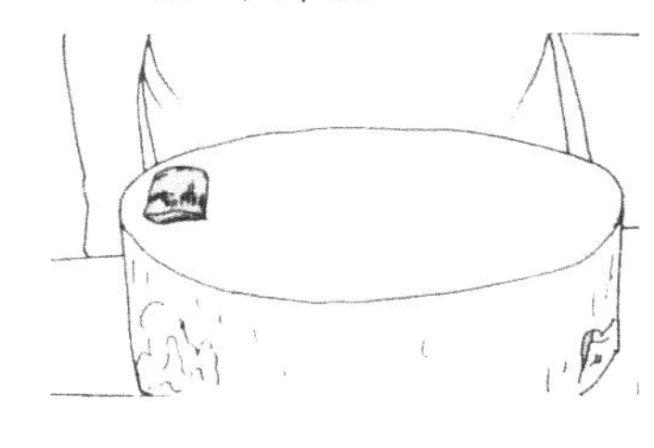

图 4-72

下片法，即在原料的下边起刀，左手扶稳原料，右手将刀端平，根据目测厚度或根据经验，将刀锋推进原料，再行平刀推片（批），将原料一层层地片（批）开。

操作方法：将原料放置在墩面右侧，以便于刀具的进入（见图4-72）。左手扶按原料，右手持刀，并将刀端平，放于原料的下端（见图4-73）。

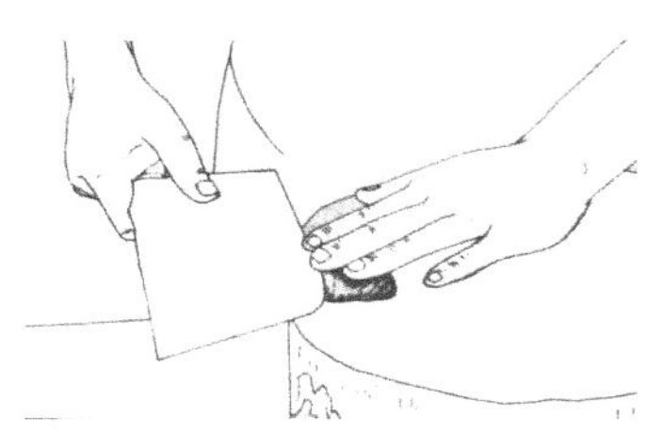

图 4-73

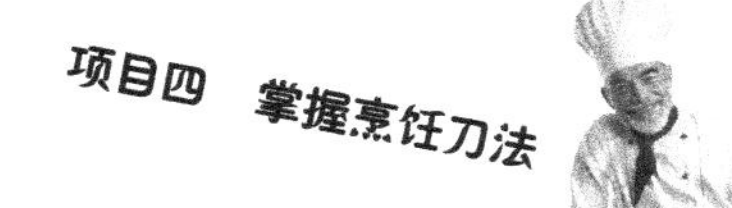

用刀刃的前部对准原料被片（批）的位置，并根据目测厚度将刀锋进入原料内部（见图 4-74）。

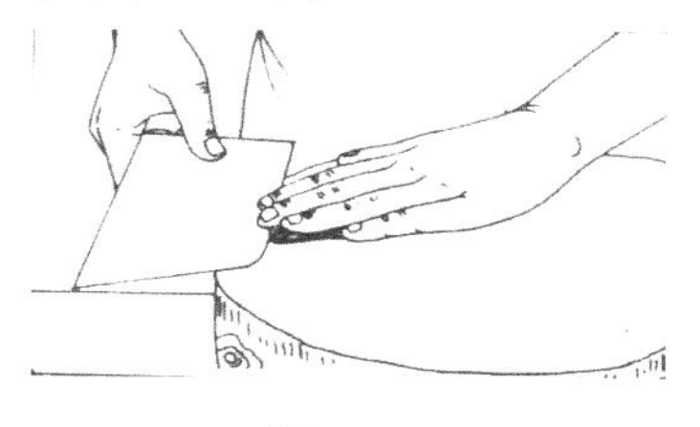

图 4-74

用力推片（批），使原料移至刀刃的中后部位，片（批）开原料（见图 4-75、图 4-76）。

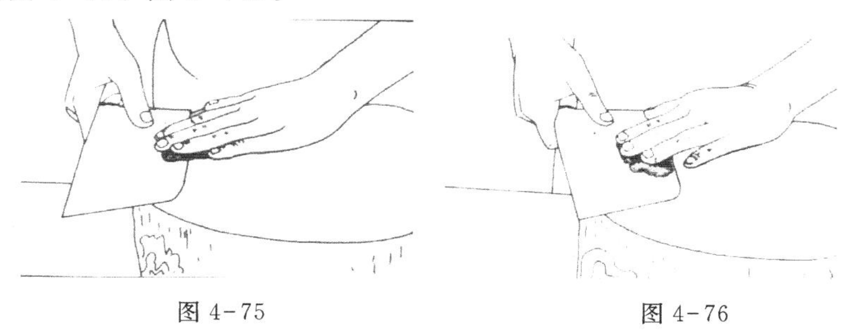

图 4-75　　　　图 4-76

随即将刀向右后方抽出，片好的片留在墩上，其余原料仍托在刀膛上（见图 4-77）。

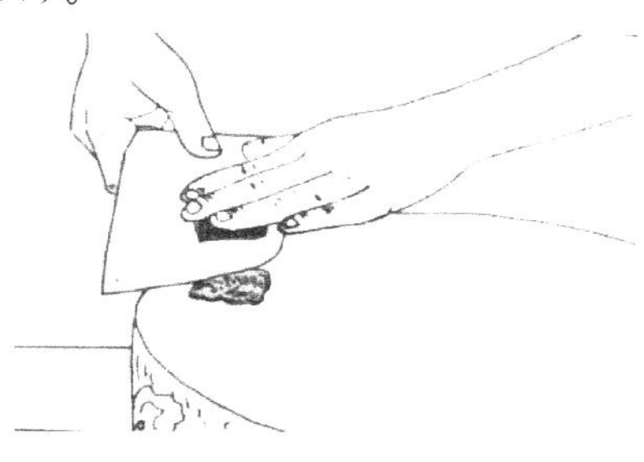

图 4-77

用刀刃前部将片（批）下的原料一端挑起，左手随之将原料拿起（见图 4-78、图 4-79）。

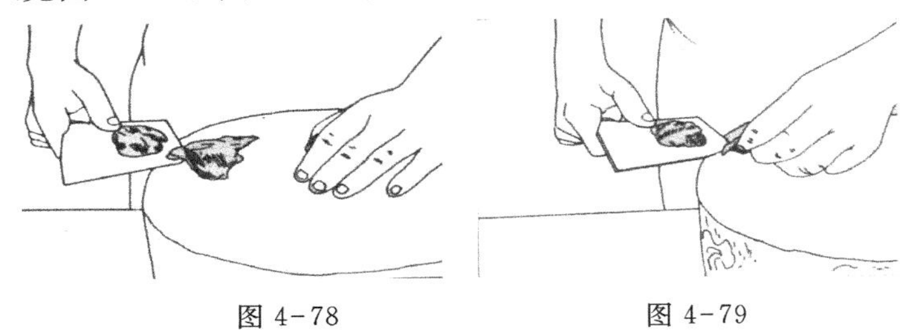

图 4-78　　图 4-79

再将片（批）下的原料放置在墩面上，并用刀的前端压住原料一边，将片好的片放置在刀板上（见图 4-80）。

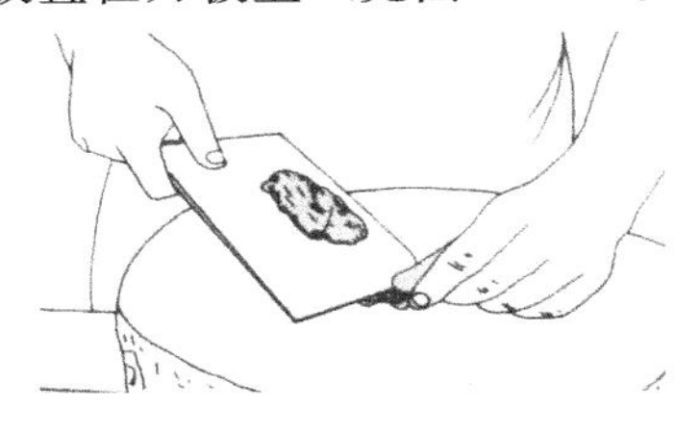

图 4-80

用左手四个手指按住原料，随即将手指分开，摊平原料，将原料舒平展开，并使原料紧附在墩面上，方便下一步操作（见图 4-81、图 4-82）。如此反复推片（批）。

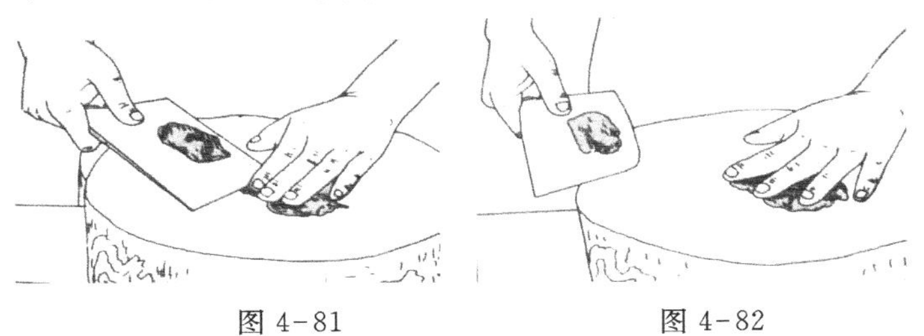

图 4-81　　图 4-82

技术要求：在推片过程中一定要将原料按稳，防止滑动，刀锋片（批）进原料之后，左手施加一定的向下压力，将原料按实，便于行刀，也便于提高片的质量。刀在运行时用力要充分，尽可能将原料一刀片开，如果一刀未断开，可连续推片（批）直至原料完全片（批）开为止。

适用原料：下片（批）法适宜加工韧性较强的原料，如五花肉、坐臀肉、颈肉、肥肉等。

三、平刀拉片（批）

平刀拉片（批）这种刀法操作时要求刀膛与墩面或原料平行，刀从后向前运行，一层一层将原料片（批）开。应用此法主要是将原料加工成片的形状，在片的基础上，再运用其他刀法可加工出丝、条、丁、粒、末等形状。

操作方法：原料放置在墩面的右侧，用左手按稳原料（见图 4-83）。

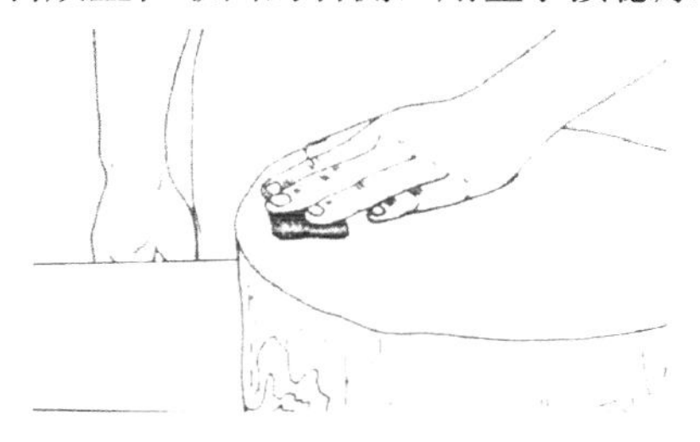

图 4-83

根据目测厚度或根据经验将刀刃的后部位对准原料被片（批）的部位，并将刀具的后部进入原料（见图 4-84）。

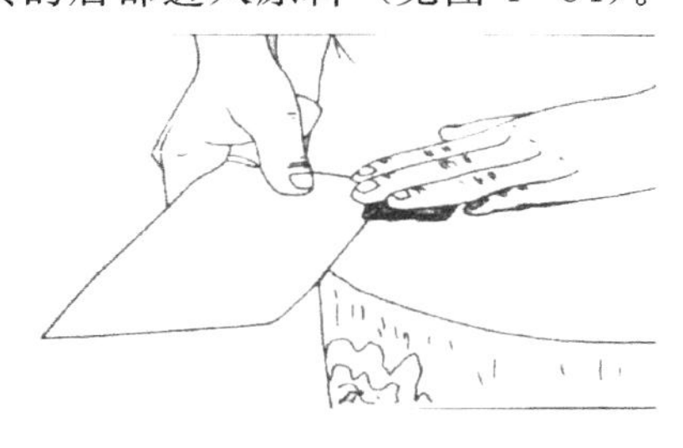

图 4-84

刀从左前方向右后方拉动，用力将原料片（批）开（见图 4-85、图 4-86）。

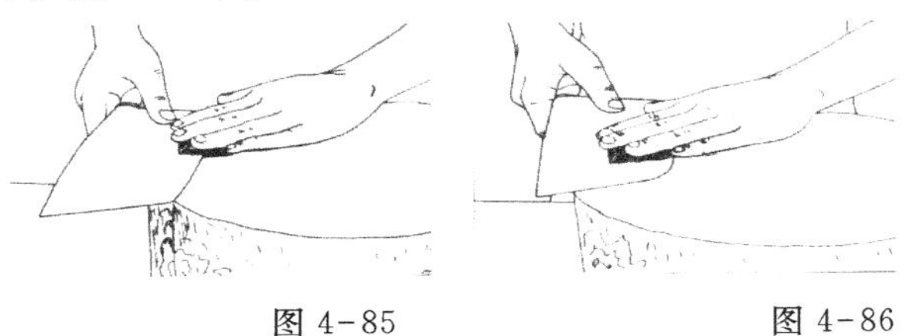

图 4-85　　图 4-86

然后，刀膛贴住批开的原料，继续向右后方移动至原料的另一端，随即用刀前端挑起原料一边（见图 4-87、4-88）。

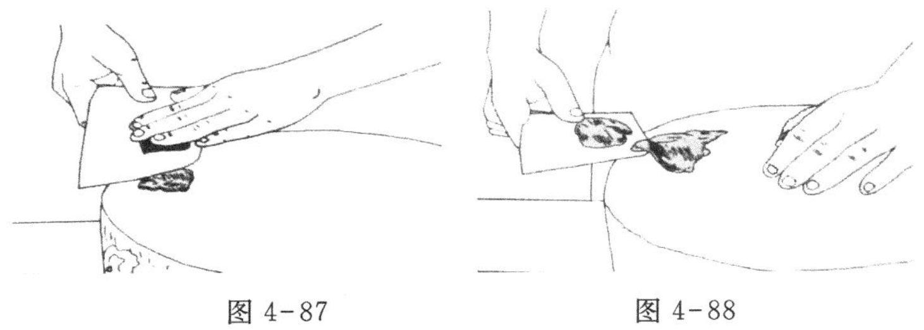

图 4-87　　图 4-88

然后用左手拿起片（批）开的原料，放置在墩面左侧（见图 4-89）。

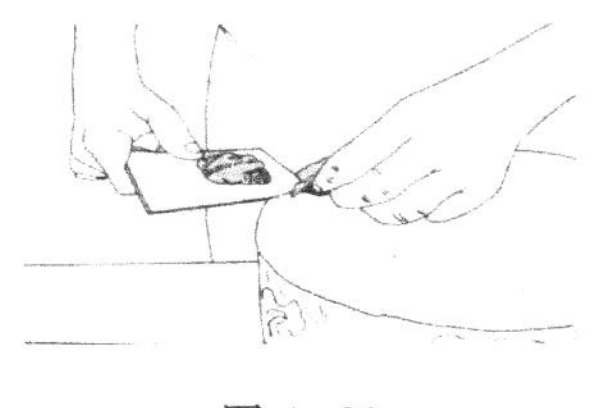

图 4-89

再用刀前端压住原料一边，将片好的原料平放在墩上（见图 4-90）。

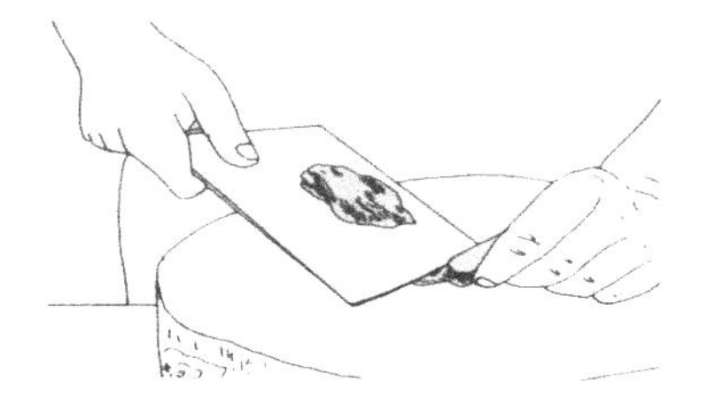

图 4-90

将左手的四指分开，摊平原料，使原料紧紧地贴附在墩面上，方便下一步操作（见图 4-91、图 4-92 ）。如此反复拉片（批）。

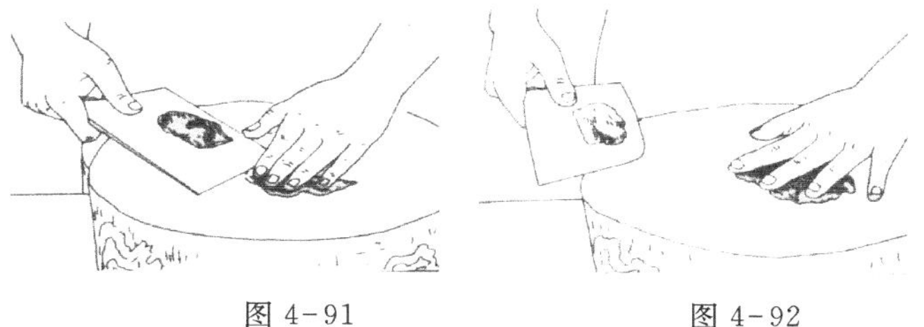

图 4-91　　图 4-92

平刀拉片法与平刀推片法有很多相似之处，仅有的不同之处就是刀具的运行方向相反。

技术要求：操作时一定要将原料按稳，紧贴在刀板上，防止原料滑动。刀在运行时要充分有力，如果原料一刀未被片（批）开，可连续拉片（批），直至原料完全片（批）开为止。

适用原料：平刀拉片适宜加工韧性较弱的原料，如里脊肉、通脊肉、鸡脯肉等。

四、平刀推拉片（锯批）

平刀推拉片又叫锯批，因刀在原料中的运行犹如木匠用锯子一般而得名，它是一种将推刀片与拉刀片协调连贯起来综合运用的一种刀法。

操作时，刀先向左前方行刀推片，接着再行刀向右后方拉片，如此反复推拉片，使原料完全断开。应用这种刀法效率较高，动作也比较协调，此刀法主要用于将原料加工成片的形状。

操作方法：先将原料放置在墩面的右侧，左手扶稳原料，右手持刀端平。先运用推刀片的方法，根据目测厚度，从原料下面或原料上面起刀片进原料，然后再运用拉刀片的方法继续片料，将推刀片和拉刀片两种刀法结合起来，反复推拉片，直至将原料全部片断为止。具体操作方法，可参考推刀片和拉刀片图例。

技术要求：首先要求掌握推刀片和拉刀片的刀法，再将这两种刀法连贯起来。操作时，要用手将原料按实并扶稳。无论是推刀片还是拉刀片，运刀都要充分有力，动作要连贯、协调、自然。

适用原料：这种刀法，多用于加工韧性较强的原料，如颈肉、蹄膀、腿肉等，对于韧性较弱的原料，如里脊肉、通脊肉、鸡脯肉等也适宜用这种刀法加工。

五、滚料片

平刀滚料片又称旋料片，操作时要求刀膛与墩面平行，刀从右向左运动，原料向左或向右不断滚动，片（批）下原料。应用这种刀法主要是将圆形或圆柱形的原料加工成较大的片。

滚料片（批）可分为两种操作方法：

1. 滚料上片

操作方法：将原料放置在墩面里侧，左手扶稳原料，右手持刀与墩面或原料平行，用刀刃的中前部位对准原料被片（批）的位置，并将刀锋进入原料（见图 4-93）。

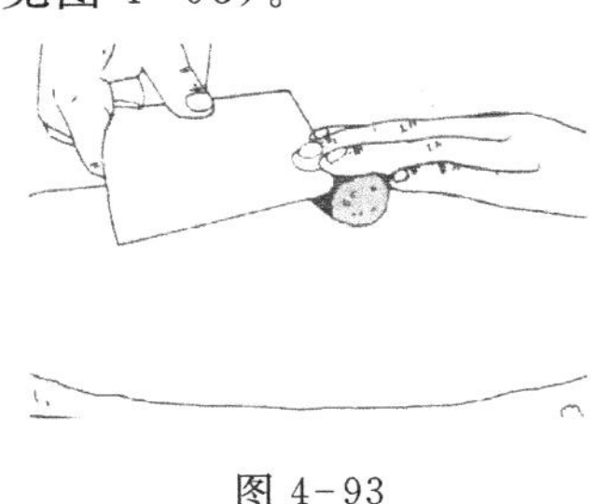

图 4-93

左手将原料平稳地向右推动，使原料慢慢地转动，右手持刀随着原料的滚动也向左同步运行，逐渐地将原料片开（见图 4-94）。

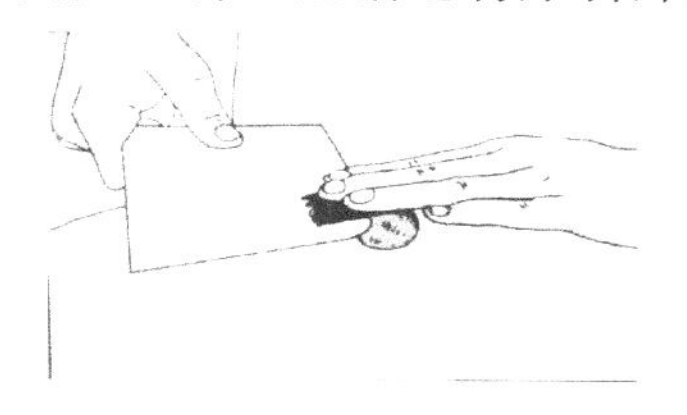

图 4-94

刀具在原料中如此反复运行，直至将原料表皮全部批下或加工至所需要大小的片为止（见图 4-95、图 4-96 ）。

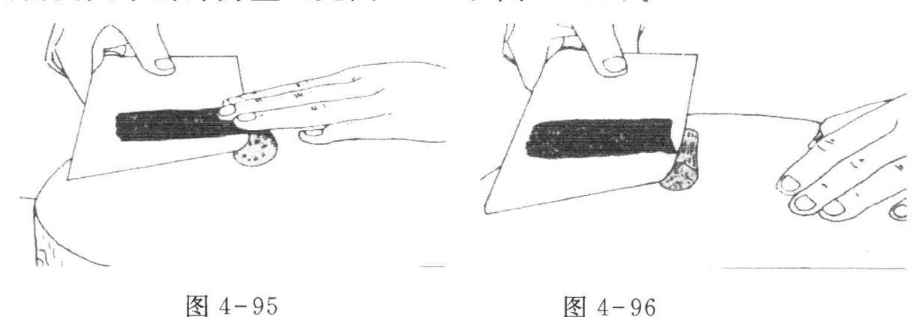

图 4-95　　　　图 4-96

技术要求：刀要端平，不可忽高忽低，否则容易将原料中途片（批）断，影响成品质量和规格，刀推进的速度与原料滚动的速度应保持一致。

适用原料：滚料上片法适宜加工圆柱形脆性原料，如黄瓜、胡萝卜、竹笋等。

2. 滚料下片

操作方法：将原料放置在墩面里侧，左手扶稳原料，右手持刀端平，用刀刃的中部对准原料被片（批）的部位，根据需要的厚度将刀锋进入原料内部（见图 4-97）。

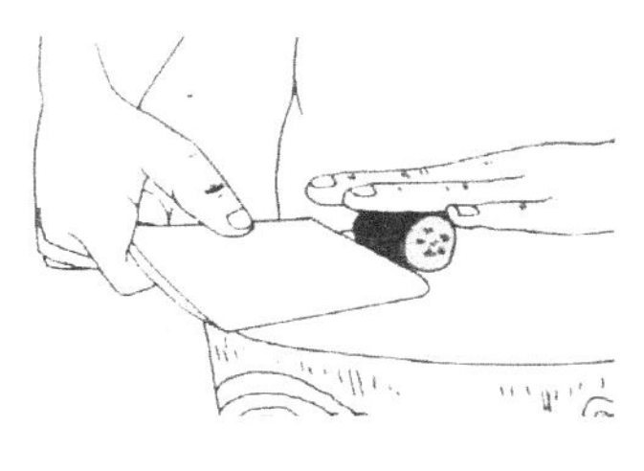

图 4-97

用左手的四个手指慢慢拉动原料，使原料慢慢地向左边滚动，右手持刀也随之向左边片慢慢（批）进（见图 4-98）。

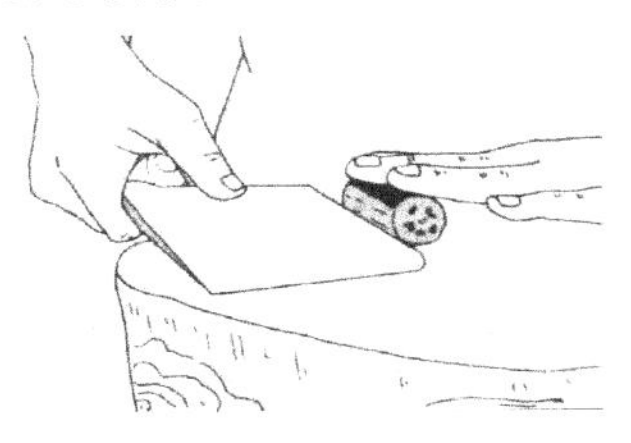

图 4-98

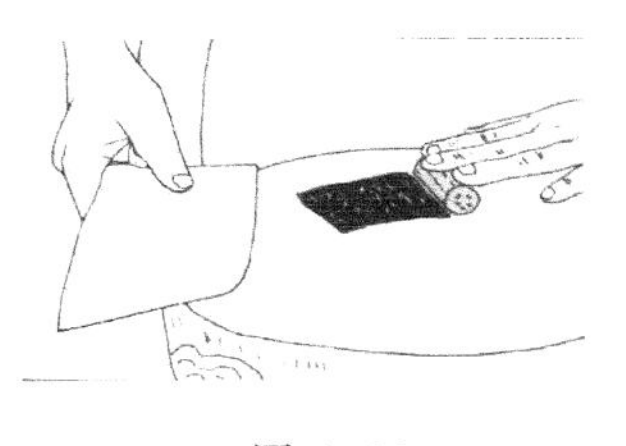

图 4-99

刀具在原料内按照此法反复进行，直至将原料完全片（批）开，或加工成需要的规格（见图 4—99）。

技术要求：在操作过程中，刀膛与墩面应始终保持平行，刀刃在运行时不可忽高忽低，否则会影响成形规格和质量，原料滚动的速度应与刀运行的速度一致。

适用原料：滚料下片法适宜加工圆形、锥形或多边形的韧性较弱的原料，如鸡心、鸭心、肉段、肉块等。

六、抖刀片

这种刀法操作时要求刀膛与墩面或原料保持平行，刀刃不断作波浪式抖动，将原料一层层片（批）开。

抖刀片主要是将原料加工成锯齿形的片状，在锯齿片形状的基础上，再运用其他刀法，可加工成齿牙条、齿牙丝、齿牙段、齿牙块等形状。

操作方法，将原料放置在墩面的右侧，用左手扶稳原料，右手持刀端平并且使刀膛与墩面也平行，用刀刃上下抖动，逐渐片（批）进原料（见图 4-100、图 4-101、图 4-102 ）。

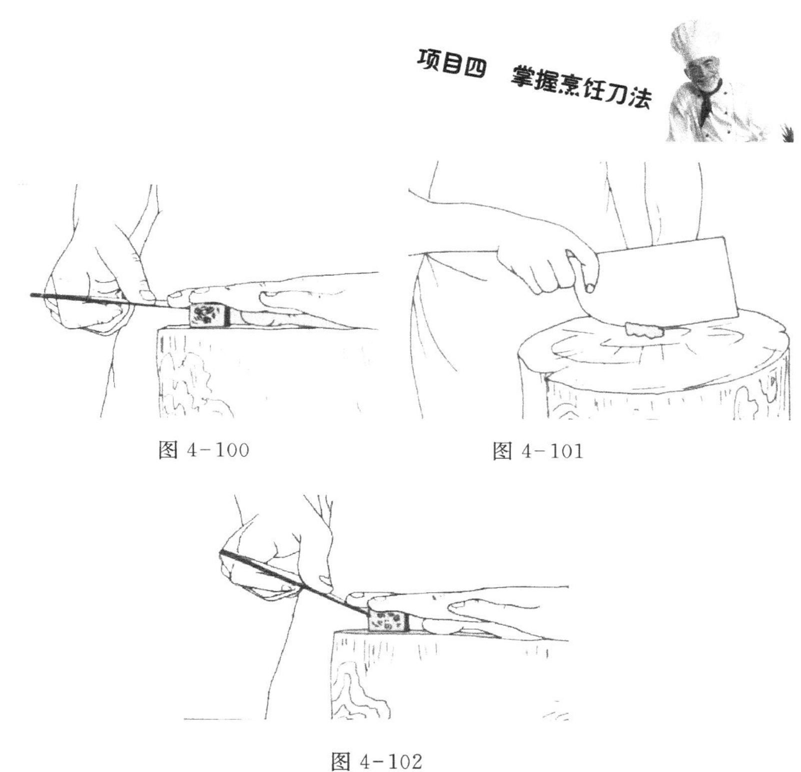

图 4-100　　图 4-101

图 4-102

直至将原料片（批）开为止（见图 4-103、图 4-104）。

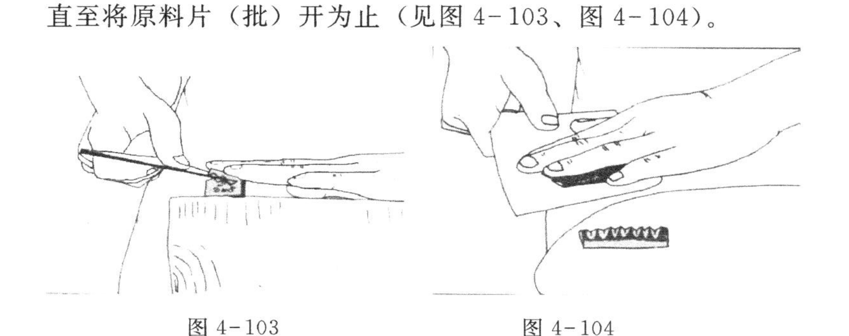

图 4-103　　图 4-104

技术要求：刀在上下抖动时，上下抖刀不可忽高忽低，刀纹的深度和刀距要相等。

适用原料，这种刀法适宜加工固体性原料，如黄白蛋糕、豆腐干、松花蛋等。对软性的脆性原料，如莴笋、胡萝卜等也可加工。

任务3　斜刀法训练

一、斜刀拉片

这种刀法在操作时要求将刀身倾斜，刀背朝右前方，刀刃从后向前拉动，将原料片（批）开。

操作方法：将原料放置在墩面左侧，左手四指伸直扶按原料，右手持刀，按照目测的厚度，沿着一定的斜度准备进入原料（见图4-105）。

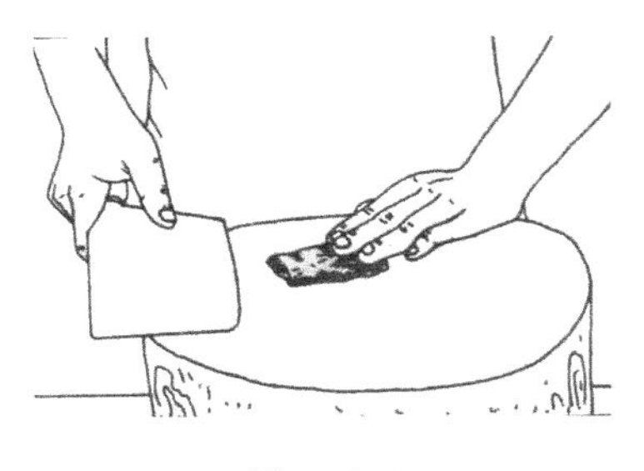

图4-105

用刀刃的中前部对准原料被片（批）部位，随着左手的控制将刀锋进入原料内部（见图4-106）。

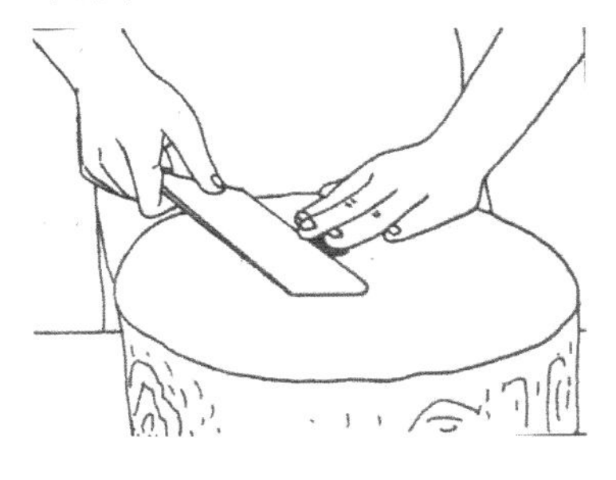

图4-106

从刀的中前部向后拉动，将原料片（批）开（见图4-107）。

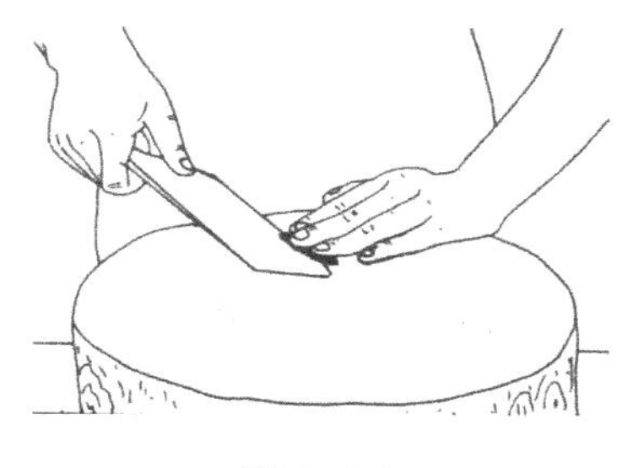

图 4-107

原料断开后，随即将左手四指微弓，通过摩擦力带动片（批）开的原料向左后方移动，使原料离开刀具（见图 4-108）。如此反复进行，直至将原料片完为止。

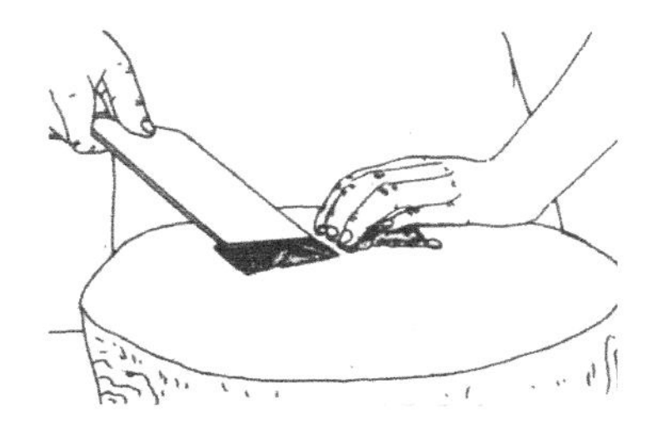

图 4-108

技术要求：刀在运动过程中，刀膛要紧贴原料，避免原料粘走或滑动，刀身的倾斜度要根据原料成形的规格要求灵活调整。每片（批）一刀以后，刀与左手同时移动一次，并保持刀距相等。

适用原料：斜刀拉片适宜加工各种韧性原料，如腰子、净鱼肉、大虾肉、猪牛羊肉等，也可用于白菜帮、油菜帮、扁豆等的加工。

二、斜刀推片

斜刀推片（批）这种刀法在操作时要求将刀身倾斜，刀背朝左后方，刀刃从前向后的方推动，将原料片（批）开。在具体操作时，由于原料和刀板之间的摩擦力不大好控制，往往采用反斜刀的方法来推片（批）。这种刀法操作时要求刀身倾斜，刀背朝左后方，刀刃自左后方向右前方运动。应用这种刀法主要是将原料加工成片、段等形状。

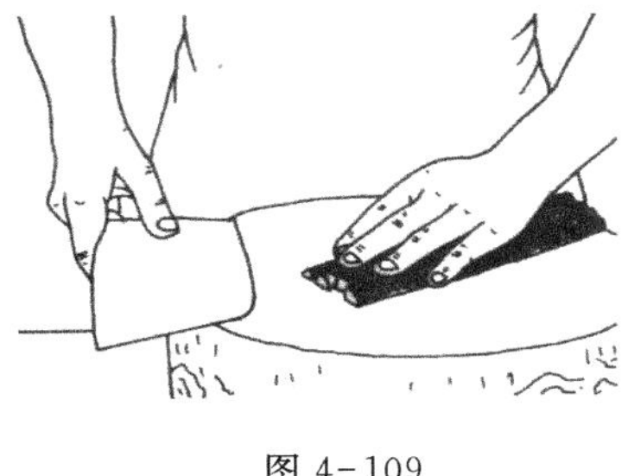
图 4-109

操作方法：左手扶按原料，中指第一关节微屈顶住刀膛，右手持刀，先按照正斜刀的持刀方法将刀拿起（见图 4-109）。

然后将刀具翻转，使刀口向外，刀身倾斜，用刀刃的中前部对准原料被片（批）的部位（见图 4-110 ）。

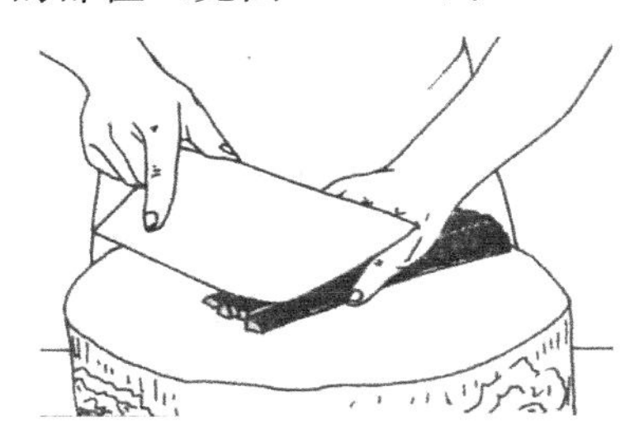
图 4-110

按照目测和指法测量的厚度，将刀锋按照一定的斜度进入原料，从刀的左前方向右后方运行，使原料断开（见图 4-111、图 4-112）。如此反复进行，直至将原料批完为止。

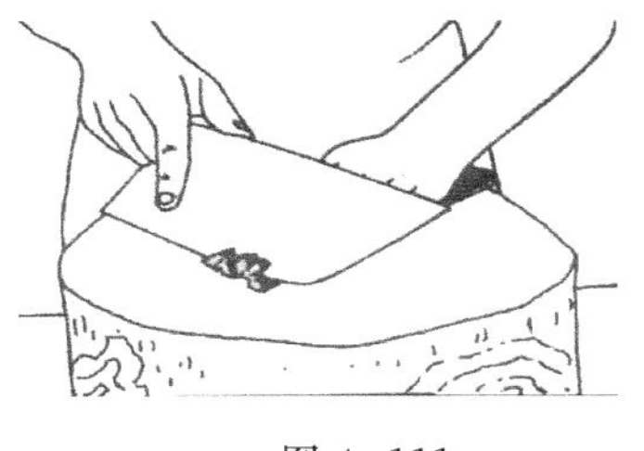
图 4-111

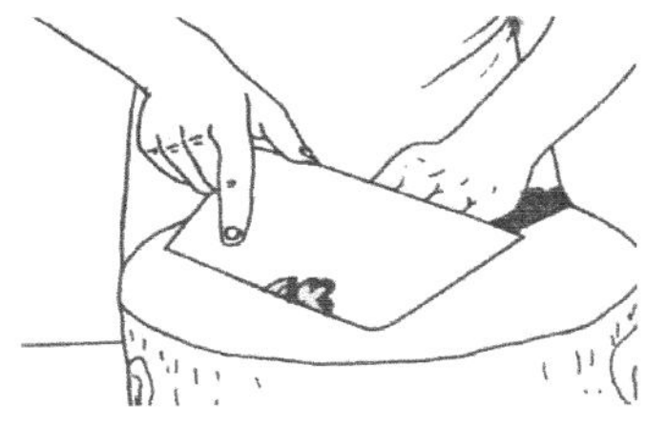
图 4-112

技术要求：在操作过程中，刀膛要紧贴左手关节，每批一刀，左手与刀都要向左后方同时移动一次，并保持刀距一致。刀身倾斜角度，应根据原料成形的规格作灵活调整。

适用原料：斜刀推片适宜加工脆性原料，如芹菜、白菜等，对熟肚子等软性原料也可用这种刀法加工。

任务4　混合刀法训练

混合刀法又称剞刀法，是指刀在原料表面或内部作垂直、倾斜等不同方向的运行，并在原料上切成或片成横竖交叉、深而不断的刀纹，使原料在受热时发生卷曲、变形而形成不同花形的一种行刀技法。

这种刀法比较复杂，主要把原料加工成各种造型美观、形象逼真（如麦穗形、松果形、灯笼形等）的形状。用这种刀法制作出的美味佳肴，能给人以美好的艺术享受，并为整桌酒席增添气氛。

这种刀法按照刀的运动方向可分为直刀剞、直刀推剞、直刀拉剞、斜刀推剞、斜刀拉剞等刀法。

一、直刀剞

直刀剞与直刀切相似，只是刀在运行时不能完全将原料断开。根据原料成形的规格要求，刀运行到一定深度时即要停刀，在原料上切成直线刀纹，也可结合运用其他刀法加工出蓑衣黄瓜、齿边萝卜条、鱼鳃腰片等各种形状。

操作方法：右手持刀，左手扶稳原料，中指第一关节弯曲处顶住刀膛，用刀刃中前部位对准原料被切的部位（见图4-113）。

图4-113

刀在原料中作自上而下的垂直运行，当刀剞到一定深度（如原料厚度的3/4、4/5等）时停止运行（见图

4-114、图 4-115)。如此反复进行，只至将原料完全剞完为止。

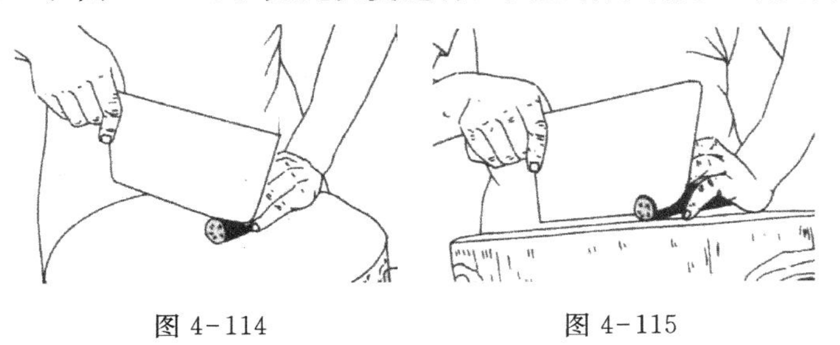

图 4-114　　图 4-115

技术要求：左手扶料要稳，运用指法从右前方向左后方移动，保持刀距均匀，控制好进刀深度，做到深浅一致。

适用原料：适宜加工脆性原料（如黄瓜、冬笋、胡萝卜、莴笋等）和质地较嫩的韧性原料（如腰子、鱿鱼等)。

二、直刀推剞

直刀推剞与推刀切相似，只是刀在运行时不将原料完全断开，留有一定的余地，根据原料成形的规格要求，刀在原料内运行到一定深度的时候要立即停刀，在原料上剞上直线刀纹，也可结合并运用其他刀法加工出荔枝形、麦穗形、菊花形等造型美观、形象逼真的各种料形。

操作方法：左手扶稳原料，中指第一关节弯曲呈弓形，顶住刀膛，右手持刀，用刀刃的中前部对准原料被剞的部位（见图4-116)。

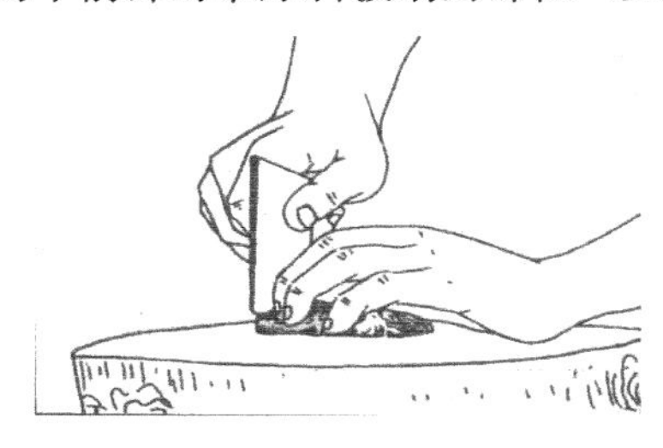

图 4-116

根据特定料形的需要，控制好刀距，并使刀自前向后运行，当刀纹剞到原料中一定深度（4/5）的时候便停止运行（见图 4-117）。

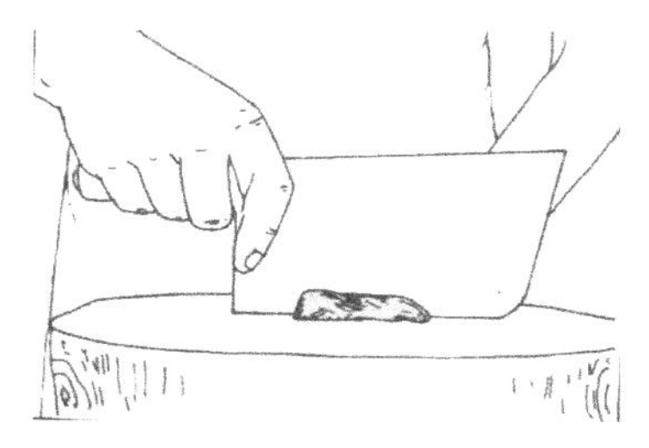

图 4-117

然后将刀收回，按照上述方法再次行刀推剞（见图 4-118）。如此反复进行，直至将原料剞到头并达到加工要求为止。

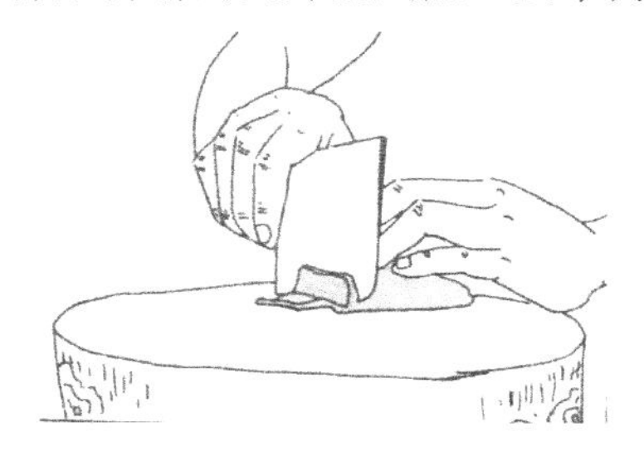

图 4-118

技术要求：操作过程中要使刀锋与墩面或原料始终保持垂直，控制好进刀深度，做到深浅一致；每剞一刀，左手和刀具都要移动一次，在移动过程中要灵活运用指法从右向左均匀移动，使刀距相等。

适用原料：这种刀法适宜加工各种韧性原料，如腰子、猪肚领、净鱼肉、通脊、鱿鱼、肝脏、墨鱼等，也可用于一些脆性原料如萝卜、冬瓜等。

直刀拉剞往往不容易把握刀具和深度，一般不单独使用。在日常工作和生产中，经常把直刀拉剞和直刀推剞结合起来使用，作为

一种协调动作。

三、斜刀推剞

斜刀推剞与斜刀推片（批）非常相似，只是刀在运行时不完全将原料断开，根据原料成形的规格要求，刀运行到一定深度时停刀，在原料表面剞上斜线刀纹，也可结合并运用其他刀法加工出如麦穗形、蓑衣形、松果形、菊花形等多种造型美观的料形。

这种剞刀方法经常适用于一些比较薄的原料，利用斜刀推剞，可以增加刀纹的长度，能够充分地显示刀纹。

操作方法：左手扶稳原料，中指第一关节微弓，紧贴刀膛（见图 4-119 ）。

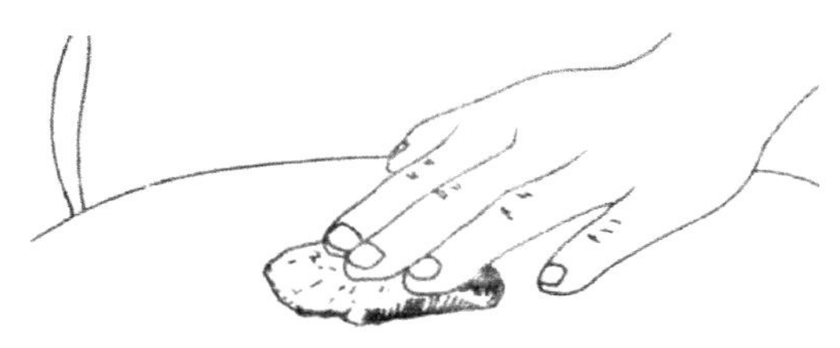

图 4-119

右手持刀呈一定的倾斜度，用刀刃中前部对准原料被剖的部位（见图 4-120）。

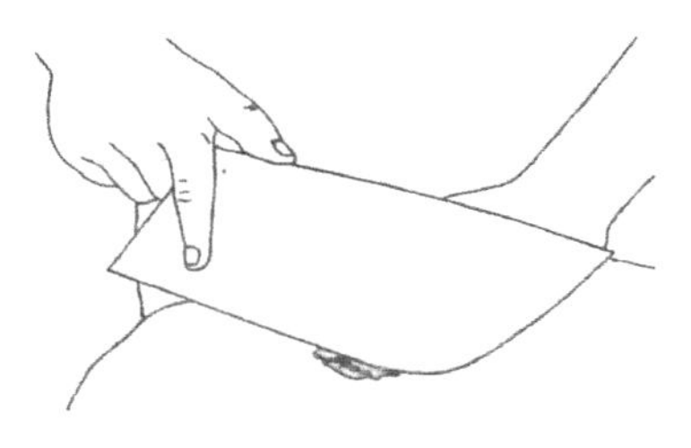

图 4-120

根据特定料形的需要，用眼睛目测好刀具，并使刀具自前向后平行运行，直至刀锋剞进原料中一定的深度时，停止运刀(见图 4-121)。然

后将刀取回，再沿用此法反复运行斜刀推剞，直至剞到原料的另一头并达到加工要求为止。

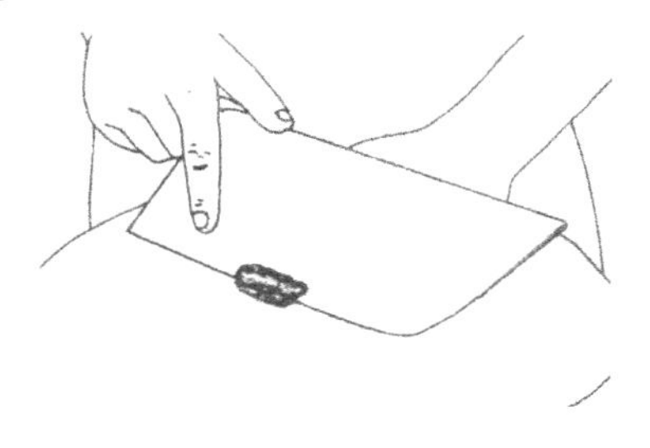

图 4-121

技术要求：在剞刀的过程中，刀与墩面或原料的倾斜角度及剞刀的深度，要始终保持一致，而且刀距也要相等，才能保证所剞花刀造型美观，卷曲充分且均匀。

适用原料：斜刀推剞适宜加工各种韧性原料，如腰子、鱿鱼、通脊、鸡鸭肫、猪肚领、墨鱼、鱼肚档等。

四、斜刀拉剞

斜刀拉剞与斜刀拉片（批）非常相似，只是刀在原料中运行时也不完全将原料断开。根据原料成形的规格要求，刀在原料中运行到一定深度时便停刀，在原料表面剞上斜线锯齿、鸡冠、梳子、鱼鳃等刀纹，此法也可结合其他刀法，综合运用加工出多种美丽的形态，如麦穗、灯笼锯齿、鸡冠、梳子、鱼鳃等。

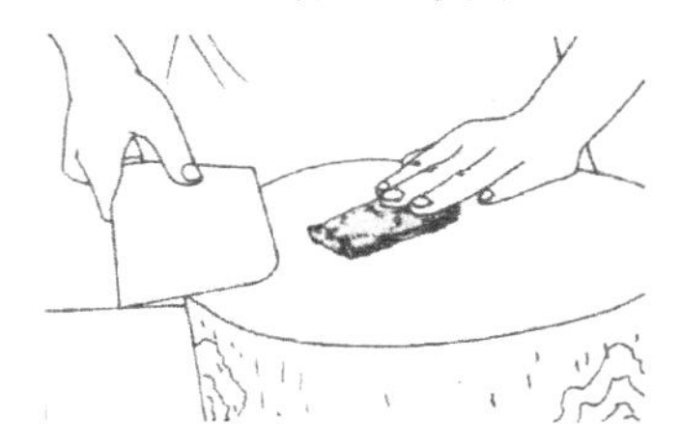

图 4-122

操作方法：左手四指平放，扶稳原料被剞的一边，右手持刀（见图 4-122）。根据特定花刀的需要，目测好刀距，将刀具倾斜一定的角度并用刀刃的中后部对准原料被剞的部位（见图 4-123）。

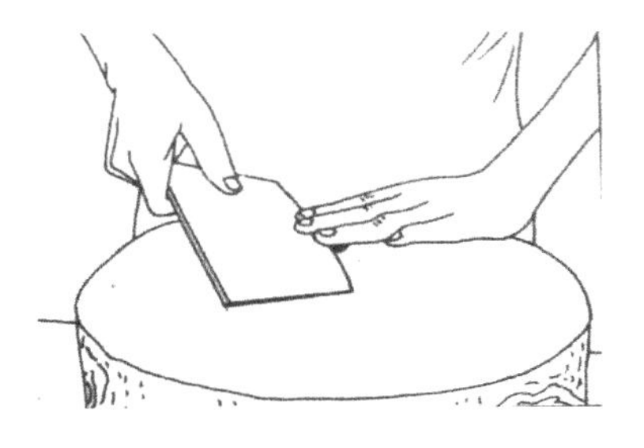

图 4-123

刀在原料中按照一定的倾斜度自后向前运行，当刀锋在原料中运行到一定深度时即停止运行（见图 4-124）。然后把刀抽出，再沿用此法反复进行斜刀拉剞，直至剞到原料的另一边并达到成形规格为止。

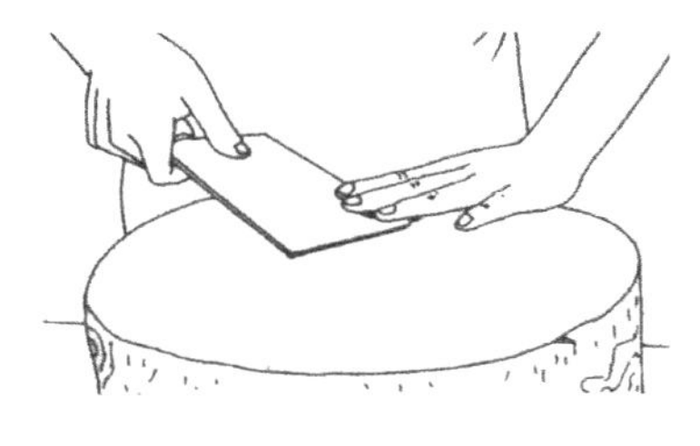

图 4-124

技术要求：在操作过程中，应该使刀与墩面或原料的倾斜度始终保持一致，同时还要使剞刀深度一样、刀距相等，另外刀膛还要紧贴原料运行，防止原料滑动。

适用原料：适宜加工各类韧性原料，如腰子、鱿鱼、墨鱼、通脊肉、净鱼肉等，对于一些质地脆嫩的原料如萝卜、发制好的皮肚等也可以使用此剞刀方法。

项目五　原料成形加工训练

料形加工是指运用各种不同的刀具和不同的刀法，将烹饪原料加工成形态各异、造型美观、利于烹调和利于食用的特定形状的加工过程。原料的形状大体上可分为基本料形、花刀工艺料形两大类，按照使用刀法的不同，每类料形又可分为若干小类。

任务1　基本料形训练

基本料形是指工艺过程比较简单、易于操作，易于成形的几何形状。基本料形大多数是运用切、剁、砍、片等刀法，经过简单加工而完成的几何形状。这类料形主要有如下几种：

一、丁

丁的形状近似于正方体，它的成形方法是通过使用片（批）、切等刀法，将原料加工成大片或厚片，再切成条状，最后改刀成正方体的形状。

丁分大丁、中丁和小丁三种，它的大小主要取决于片的厚薄、大小和条的粗细，粗条可加工成大丁，细条可加工成小丁，介于两者之间称为中丁。

在具体的加工过程中，可根据烹调和菜肴制作的需要灵活加工成形。

1. 形状名称

菱形丁、方丁、橄榄形丁、指甲形丁。

2. 成形规格

大丁约 2 厘米见方，中丁约 1.2 厘米见方，小丁约 0.8 厘米见方。

3. 适用原料

韧性原料、脆性原料、软性原料、硬性原料等。

4. 用途举例

宫保鸡丁、青椒肉丁、碎米肉丁等。

5. 加工要求

用于充当配料的丁一般要求小一些。

主料的丁一般要求大一些。加工质地较老的动物性原料，要先用拍刀法将其肌肉组织拍松；对于结缔组织较丰富的原料，要先将其片（批）大片以后，在片的两面排剞上刀纹，利于肉质疏松，割断筋络，扩大肉质的表面积，易于吸收水分，便于成熟和便于调味品的渗透。

二、粒

粒是小于丁的正方体，成形方法与丁相同。

1. 形状名称

绿豆粒、豌豆粒等。

2. 成形规格

约 0.5 厘米见方。

3. 适应原料

韧性原料、脆性原料、软性原料、硬性原料。

4. 用途举例

用于制作清蒸狮子头等，还多用于各种配料。

5. 加工要求

与丁相同。

三、米

米是小于粒的正方体，成形方法与丁相同。

1. 形状名称

小米粒。

2. 成形规格

约0.3厘米见方。

3. 适用原料

脆性原料、硬性原料。

4. 用途举例

制作小煎鸡米、石榴烤鸭松等，另外还多用于点缀装饰菜肴。

5. 加工要求

可以运用直切或推切的刀法加工成形，加工时不要加工的太小，避免形成末状。

四、末

末的形状是一种不规则的形体，其成形方法是通过直刀剁加工形成的。

1. 形状名称

粗末、细末。

2. 成形规格

粗末体积相对较大，细末体积相对较小，只相当于米。

3. 适用原料

韧性原料、脆性原料。

4. 用途举例

可以制作红烧丸子等；也用于制馅，如肉馅、白菜馅等。

5. 加工要求

加工时要将原料充分剁碎，斩断筋络，用于制作大丸子的末应

粗些，用于制作小丸子的末应细些。

五、茸

茸的颗粒更为细腻，加工方法与末略有不同，它是运用刀背捶击加工而成的。

1. 形状名称

粗茸、细茸。

2. 成形规格

细茸需要过筛，粗茸则不需过筛，但要用刀刃斩断筋络。

3. 适用原料

精挑细选的净瘦肉、肥膘肉、虾肉、净鱼肉等。熟制的土豆、红薯、山药、红小豆、豌豆等去皮后也能加工成茸。

4. 用途举例

用于制作菜肴，如扒酿海参、鸡茸鱼肚、蝴蝶海参、炒芋泥等，也用于制作馅心。

5. 加工要求

在制茸前，先要剔除筋络。制细茸时最好选用一大块净肉皮铺在墩面上，将肉放在肉皮上捶击，可使加工出的肉茸洁白、细腻、无杂质。

六、丝

丝呈细条状，它是运用片（批）、切等刀法加工而成的。在切成丝以前，先将原料片（批）成大薄片，再切成丝状。

1. 形状名称

粗丝、丝。

2. 成形规格

粗丝直径约 3 毫米，长约 4～8 厘米；细丝直径小于 3 毫米，长约 2～4 或 3～5 厘米。

3. 适用原料

韧性原料。

4. 用途举例

用于制作冬笋肉丝、煸牛肉丝，还有佐味用的姜丝等。

5. 加工要求

加工时要顺着纤维纹路切丝，否则切出的丝表面不光滑。用于滑炒、溜的丝应细些，用于干煸、清炒的丝应粗些。

七、条

条比丝粗。成形方法是首先运用片（批）的刀法，将原料片（批）成大厚片，然后再切制成条。

1. 形状名称

粗条、条。

2. 成形规格

粗条直径约 6～8 毫米，长约 4～6 厘米；细条直径约 4～5 毫米，长约 5～7 厘米。

3. 适用原料

韧性原料。

4. 用途举例

用于制作芫爆鸡条、炸鱼条、醋黄瓜条、糖醋萝卜条等。

5. 加工要求

加工时应顺着纤维的方向切成条，否则容易出现毛边。韧性原料应切得细些；脆性原料、软性原料应切得粗一些；用于烧、煨的应切得粗一些，用于滑炒、滑溜的应切得细一些。

八、段

段比条粗，它是运用切、剁、砍等方法加工制成。

1. 形状名称

粗段、段。

2. 成形规格

粗段直径约 1 厘米，长约 3.5 厘米；细段直径约 0.8 厘米，长约 2.5 厘米。切成的段应以“寸”为度，行业里有“寸段”之称。

3. 适用原料

韧性原料、脆性原料或带骨的原料。

4. 用途举例

用于制作蒜香仔骨、虾籽春笋、红烧鳝段等。

5. 加工要求

脆性原料应加工得细一些、一般不出“寸”；韧性原料应加工得粗一些，长一些；带骨的鱼段则应加工得更长一些（如红烧中段），但需要在原料表面剞上刀纹，以便于成熟和入味。对于段的长短没有硬性的要求，可以结合实际，灵活掌握。

九、块

块是方体：正方、长方和其他多种几何形体，它是运用切、剁、砍等方法加工而成的。

1. 形状名称

大方块、小方块、骨牌块、滚料块、瓦块、劈柴块、象眼块等。

2. 成形规格

块的形状、大小、薄厚各不相同，规格也不尽相同，形状也没有规则。块的大小应取根据烹调和食用的要求灵活掌握。

3. 适用原料

韧性原料、脆性原料、带骨的原料。

4. 用途举例

用于炖鸡块、红烧瓦块鱼、油焖茄子等。

5. 加工要求

用于加热时间长的块应加工得大一些，以适宜于烧、焖、扒、靠、炖；用于加热时间短的块应加工得小一些，以适宜于滑炒、爆炒、炸等；带骨的原料应加工得小一些。对于块形较大的则应该用刀膛拍松或剞上刀纹，以利于成熟和入味，缩短正式烹调时的加热时间。

十、球

球的成形方法较为复杂，首先运用切的方法将原料加工成粗段，再切成大方丁，最后削成球状。但现在有一种特殊的工具“珠球模具”可以用来快速加工，而且规格一致。

1. 形状名称

大球、小球。

2. 成形规格

大球直径2.5厘米，小球直径1.5～2厘米。

3. 适用原料

脆性原料。

4. 用途举例

溜冬瓜球、三色萝卜圆等。

5. 加工要求

加工球状料形时，球体要大小一致，球面应光滑均匀。

任务2 花刀工艺料形训练

花刀工艺料形是指运用混合刀法，在原料表面剞上横竖交错、深而不透的条纹，经过加热卷曲形成各种形态美观、造型别致的原料形状。其工艺程序比较复杂，技术难度较高，现就一些常用的花刀工艺料形简要分述如下：

一、斜“一”字花刀

斜“一”字花刀是运用斜刀或直刀推、拉剞的方法加工制成。

1. 形状名称

半指纹、指纹。

2. 成形规格

将原料两面剞上斜向一字排列的刀纹，指纹的刀距约 5 毫米左右（见图 5-1）。

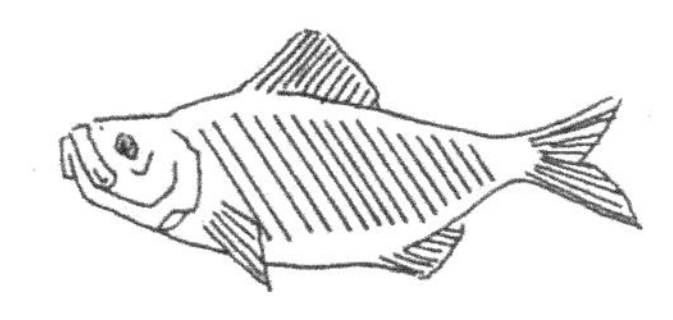

图 5-1

一指纹的刀距约 1. 5 厘米（见图 5-2）。

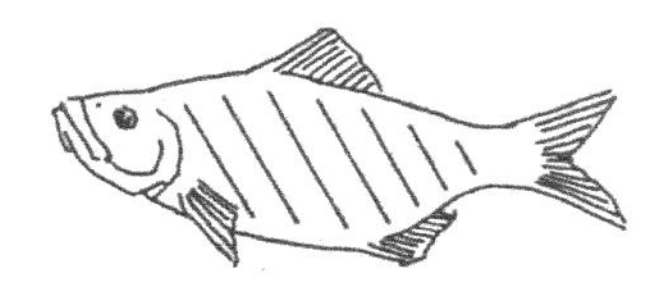

图 5-2

3. 适用原料

黄花鱼、鲤鱼、青鱼、胖头鱼、鳜鱼、鲫鱼等体形较大的鱼类。

4. 用途举例

半指纹适宜制作干烧鱼，一指纹适宜制作红烧鱼。

5. 加工要求

加工时要求刀距的大小和刀纹的深浅都要均匀一致。

鱼的背部刀纹要相应深一些，腹部刀纹要相应浅一些。

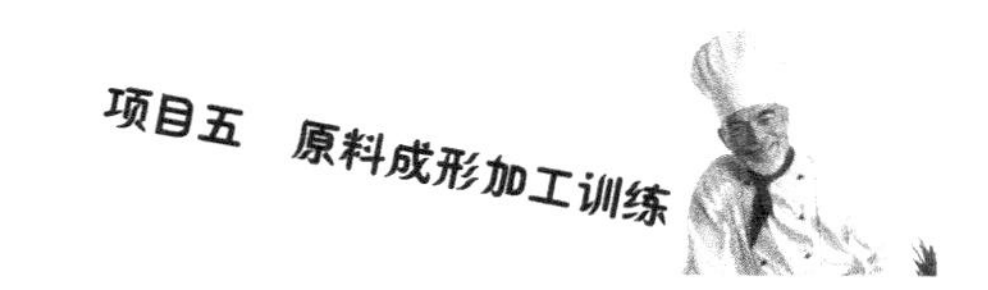

二、柳叶花刀

柳叶花刀形的刀纹是运用斜刀推（或拉）剞的方法加工而成的。

1. 形状名称

柳叶形。

2. 成形规格

加工时在原料两面均匀剞上宽窄一致的、类似柳叶叶脉的刀纹（见图 5-3）。

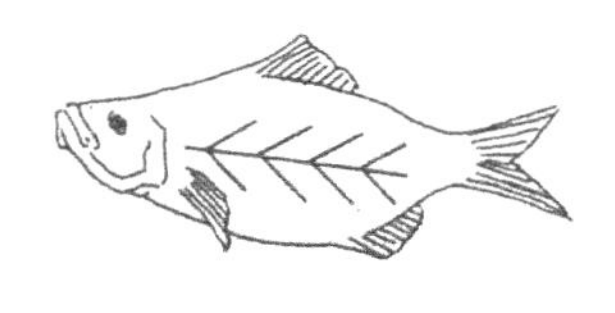

图 5-3

3. 适用原料

鳊鱼、武昌鱼、胖头鱼等。

4. 用途举例

用于制作清蒸鳊鱼、西式葱烤鱼等。

5. 加工要求

加工方法同斜“一”字花刀，但是剞刀时要做到刀纹与刀纹之间达到“交而不连”的效果。

三、网格花刀（交叉十字花刀、多十字花刀）

网格花刀（交叉十字花刀）形的刀纹因为形状像渔网的网格而得名，这种花刀是运用直刀推剞的方法加工而成的。

1. 形状名称

网格花刀、交叉十字花刀、多十字花刀。

2. 成形规格

加工时在原料两面均匀剞上交叉形十字刀纹。对于体形大而长

的原料应多剞一些十字花刀，刀纹间距较为密集，而且呈双平行状态分布（见图 5-4）。

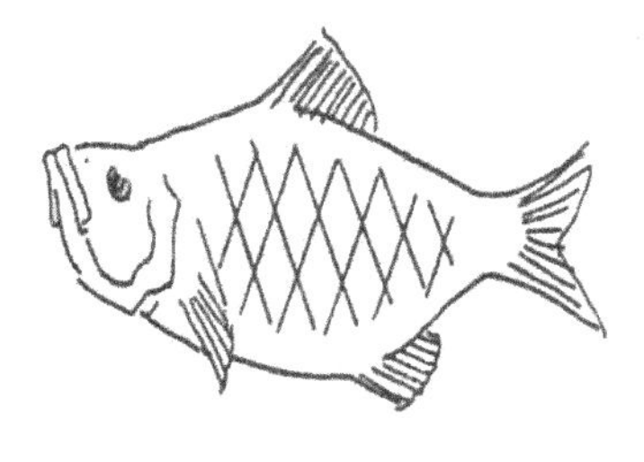

图 5-4

体形较小的鱼可少剞一些十字花刀，刀距可大些，但要注意刀与刀之间应该“交而不连”（见图 5-5）。

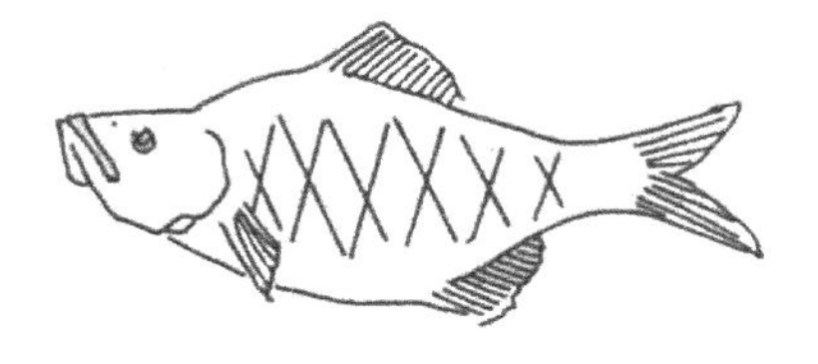

图 5-5

3. 适用原料

鲤鱼、青鱼或鳊鱼等。

4. 用途举例

多十字花刀宜制作干烧鱼，少十字花刀宜制作红烧鱼、酱汁鱼等。

5. 加工要求

与斜“一”字花刀的制作方法相同。

四、月牙花刀

月牙花刀形的刀纹是运用斜刀拉剞的方法加工制成。

1. 形状名称

月牙花刀。

2. 成形规格

加工时在原料两面都均匀剞上弯曲的、形状似“月牙”的刀纹。刀纹间距约 6 毫米（见图 5-6）。

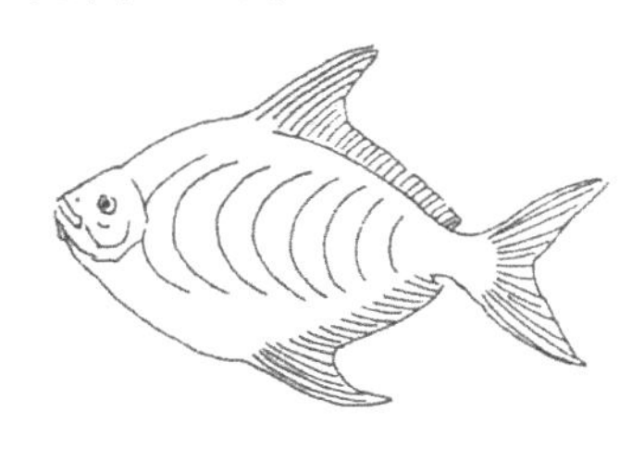

图 5-6

3. 适应原料

鳊鱼、武昌鱼、鲫鱼、鲈鱼等。

4. 用途举例

用于制作清蒸鳊鱼、油浸鲈鱼等。

5. 加工要求

与斜“一”字刀纹相同。如果将上述刀纹的方向旋转，使月牙形向上弯曲，用类似方法剞成的一系列刀纹则称为“蚌纹花刀”。

五、牡丹花刀（翻刀形花刀）

牡丹花刀（翻刀形花刀）的刀纹是运用斜刀（或直刀）推剞、平刀片（批）等方法混合加工制成。因为这种方法加工出来的每一片料形都像牡丹花的花瓣，故而取名“牡丹花刀”。

1. 形状名称

牡丹花刀。

2. 成形规格

加工时将原料两面都均匀地剞上深至鱼骨的刀纹（见图 5-7）。

图 5-7

然后再用刀平片（批）进原料深约 2～2.5 厘米（见图 5-8）。

图 5-8

最后将肉片翻起，如此反复进行，直至剞到鱼尾（见图 5-9），一面剞完再剞另一面。

图 5-9

原料每面可以翻起 7～12 刀，实践中多采用八刀剞法，有的地方又将之称为“八卦牡丹花刀”，经过受热卷曲即可形成“牡丹花瓣”的形态（见图 5-10）。

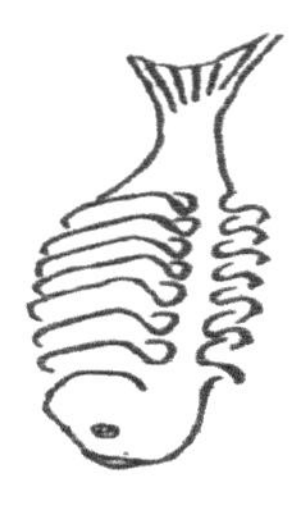

图 5-10

3. 适用原料

黄花鱼、鲤鱼、青鱼等。

4. 用途举例

用于制作糖醋黄河鲤鱼等。

5. 加工要求

原料应选择净重约为1500克左右的鲤鱼为宜，每片大小要一致。每面剞刀次数要相等，而且要注意两面对称。

六、松鼠鱼花刀

松鼠鱼花刀是运用斜刀拉剞、直刀剞等方法加工而成的。

1. 形状名称

松鼠鱼花刀。

2. 成品规格

先将鱼头去掉，沿脊骨用刀平片（批）至尾部，斩去脊骨并片（批）去胸刺，然后在两扇鱼片的肉面剞上直刀纹，刀距约4～6毫米（见图5-11）。

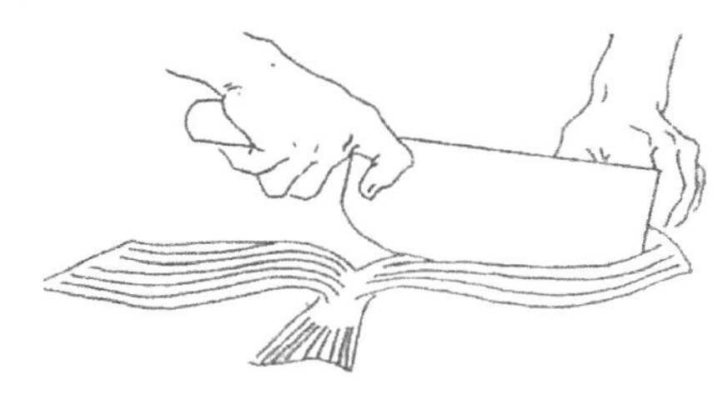

图 5-11

将鱼肉旋转一个角度，再斜剞上平行的刀纹，刀距约2～3毫米。直刀纹和斜刀纹均剞到鱼皮（但不能剞破鱼片），两刀相交构成菱形刀纹（见图5-12）。

图 5-12

这种花刀经过拍粉、油炸等加工过程，在加热时由于鱼皮受热收缩卷曲，再加上鱼肉受热变形固形而形成造型独特的松鼠羽毛的形状（见图 5-13）。

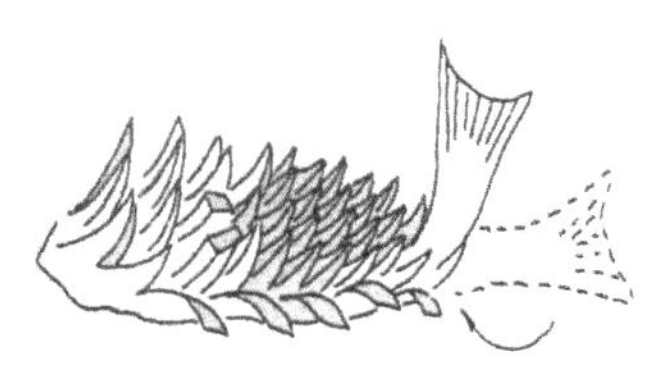

图 5-13

3. 适用原料

黄花鱼、鲤鱼、鳜鱼等。

4. 用途举例

用于制作松鼠鳜鱼、松鼠黄鱼等。

5. 加工要求

刀距的大小、刀纹的深浅以及斜刀的角度都要均匀一致，原料应选择净重约为 1500～2000 克的为宜。

七、菊花形花刀

菊花形花刀是运用直刀推剞的方法加工而成的。如果原料的厚度比较薄，也可以使用斜刀和直刀混合剞的方法加工而成。

1. 形状名称

菊花形花刀。

2. 成形规格

加工时在原料表面剞上横竖交错的刀纹，深度约为原料厚度的4/5，两刀相交为90度，然后再改刀切成3～4厘米见方的正方块（见图5-14）。

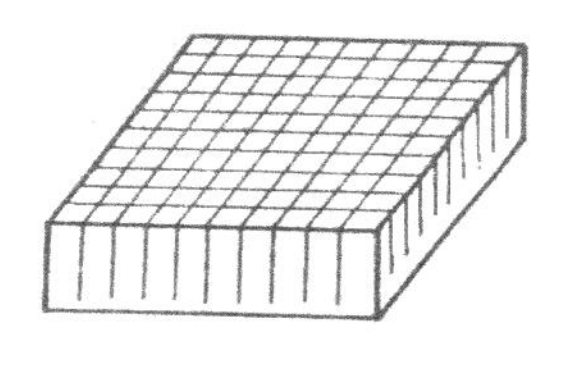

图5-14

经加热后即卷曲形成菊花的形状（见图5-15）。

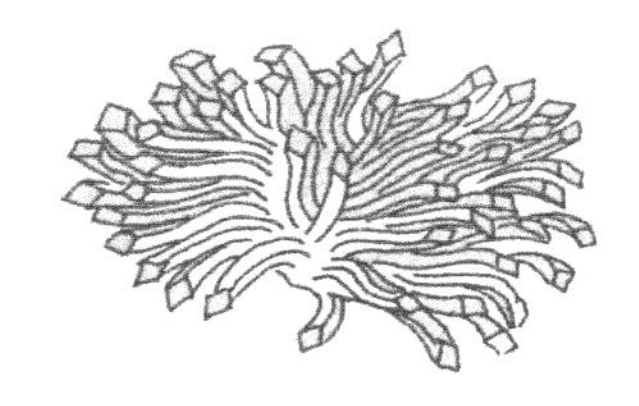

图5-15

3. 适用原料

净鱼肉、鸡鸭肫、通脊肉等。

4. 用途举例

用于制作菊花鱼、干炸菊花肫、橙汁菊花肉等。

5. 加工要求

刀距的大小、刀纹的深浅要均匀一致。要选择新鲜的原料，最好选择鲜活的原料，因为鲜活原料肌纤维的收缩力强，收缩力度大，形成的菊花形状表现力强，造型更加逼真。

八、麦穗形花刀

麦穗形花刀的刀纹是运用直刀推剞和斜刀推剞的方法加工制

成的。

1. 形状名称

小麦穗、大麦穗。

2. 成形规格

大、小麦穗的主要区别在于麦穗的长短变化。长者称大麦穗，短者称小麦穗，两者的加工方法基本相同。加工时先用斜刀推剞，倾斜角度约为 45 度，刀纹深度是原料厚度的 3/5（见图5—16）。

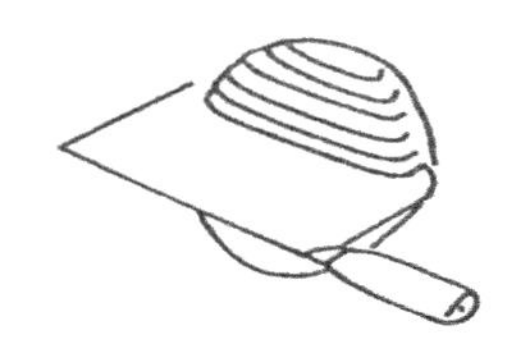

图 5-16

然后再转动一个角度采用直刀推剞，直刀剞与斜刀剞相交，以 70～80 度为宜。深度是原料的 4/5（为方便观看起见，特将图片刀纹放在左边）（见图 5-17）。

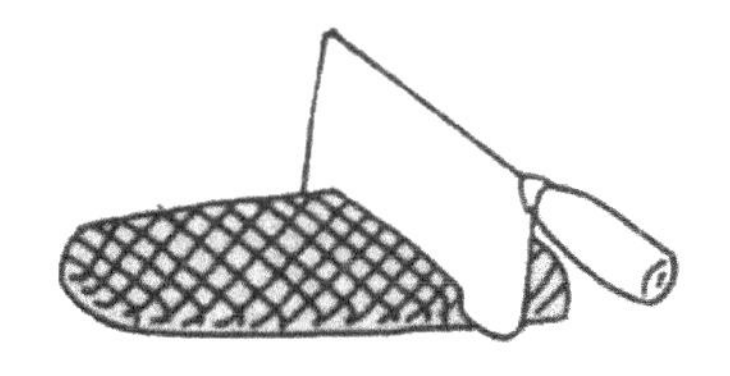

图 5-17

最后将原料改刀切成长方块（见图 5-18）。

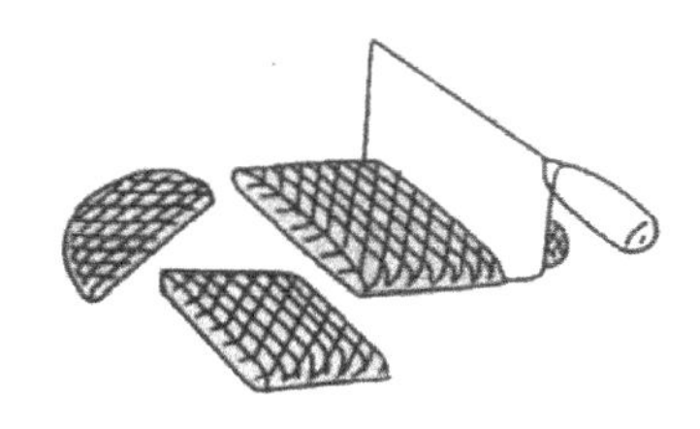

图 5-18

经加热后即卷曲成麦穗形状（见图 5-19）。

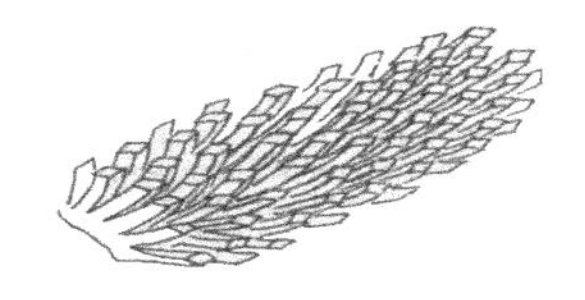

图 5-19

3. 适用原料

腰子、鱿鱼等。

4. 用途举例

用于炒腰花、爆鱿鱼卷、爆鳝筒等。

5. 加工要求

刀距的大小、刀纹的深浅、斜刀角度都要均匀一致；麦穗剞刀的倾斜角度越小，则麦穗越长；麦穗剞刀倾斜角度的大小，应视原料的厚薄作灵活调整。

九、荔枝形花刀

荔枝形花刀的刀纹是运用直刀推剞的方法加工而成的。

1. 形状名称

荔枝花刀。

2. 成形规格

加工时，先运用直刀推剞，刀纹深度是原料厚度的 4/5（见图 5-20）。

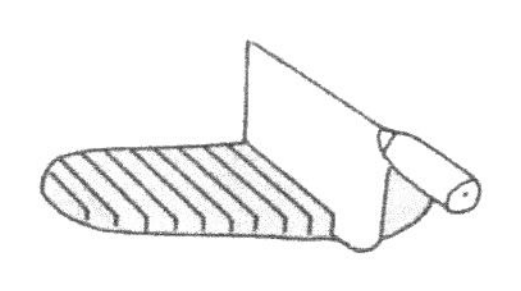

图 5-20

然后再转动一个角度采用直刀推剞，刀纹深度也是原料厚度的

4/5（见图 5-21）。

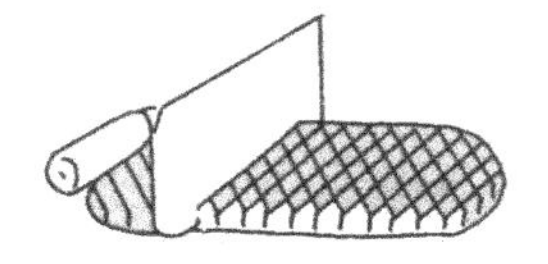

图 5-21

两直刀相交角度为 80 度左右。然后将原料改刀切成边长约 3 厘米的等边三角形（见图 5-22）。

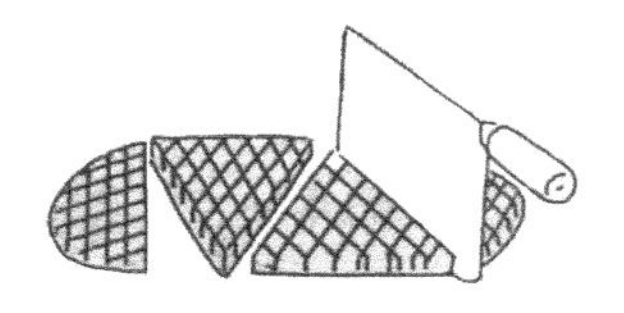

图 5-22

经加热后即卷曲成荔枝形态（见图 5-23）。

图 5-23

3. 适用原料

鱿鱼、腰子等。

4. 用途举例

用于制作荔枝鱿鱼、芫爆腰花等。

5. 加工要求

在加工时务必保持刀距的大小、刀纹的深浅、分块的形状和大小都要均匀一致。

十、松果形花刀

1. 形状名称

松果花刀。

2. 成形规格

加工时，运用斜刀推剞的方法在原料上进行剞刀，深度约为原料厚度的 4/5，进刀倾斜度为 45 度左右（见图 5-24）。

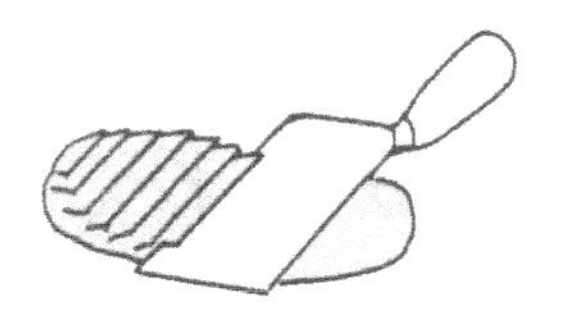

图 5-24

然后再转动一个角度采用斜刀推剞，深度仍然是原料厚度的 4/5，进刀的倾斜度为 45 度（见图 5-25）。

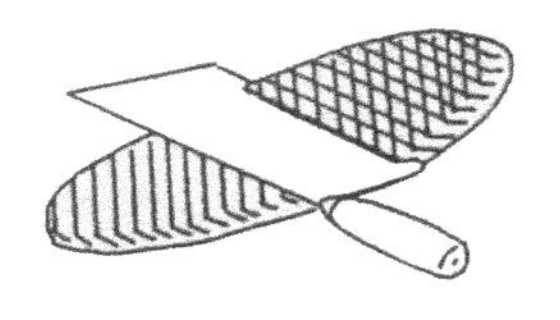

图 5-25

两刀相交，角度为 45 度，然后改刀切成宽 4 厘米、长 5 厘米的块（见图 5-26 ）。

图 5-26

经加热后即卷曲形成类似松果的形状（见图 5-27）。

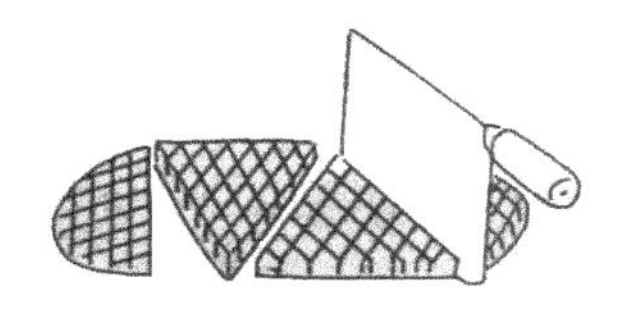

图 5-27

3. 适用原料

鱿鱼、墨鱼等。

4. 用途举例

用于制作糖醋鱿鱼卷、葱辣墨鱼花。

5. 加工要求

与荔枝形花刀相同。

十一、蓑衣形花刀

蓑衣形花刀的刀纹是运用直刀剞和斜刀推剞等方法混合加工制成。主要有两种形式。

（一）第一种蓑衣花刀

1. 成形规格

加工时，先在原料一面直刀（或推刀）剞上一字刀纹，刀纹深度为原料厚度的 1/2（见图 5-28）。

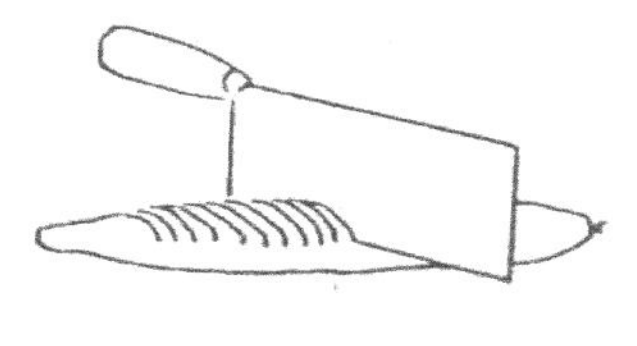

图 5-28

然后，再在原料的另一面采用同样刀法，直刀剞上一字刀纹，刀纹深度为原料厚度的 1/2，与斜一字刀纹相交，形成一定的角度

(见图 5-29)。

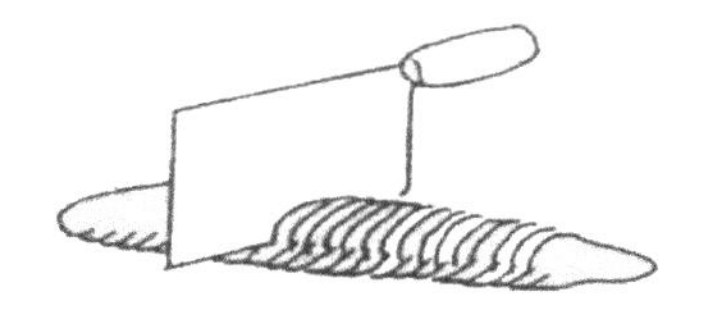

图 5-29

蓑衣花刀剞好以后可以用手直接拉长，如果原料比较脆硬的话，直接拉容易被拉断，最好用食盐腌渍一下再拉（见图 5-30）。

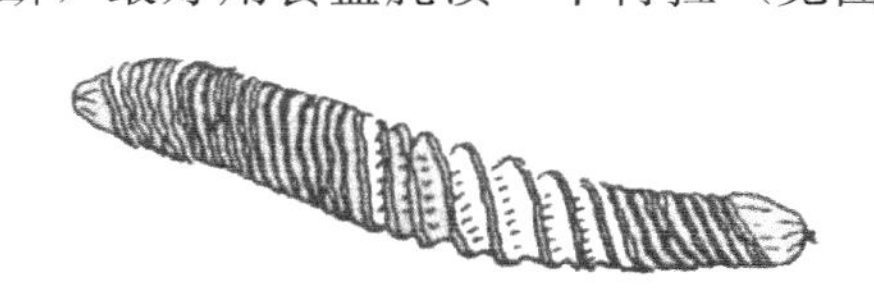

图 5-30

2. 适用原料

黄瓜、莴笋、腐干等。

3. 成形用途

多用于冷菜制作，如糖醋蓑衣黄瓜、红油豆腐干、卤兰花干等。

4. 加工要求

刀距及刀纹深度要均匀一致。

（二）第二种蓑衣花刀

这种剞法因为形成的网眼类似农民下雨天穿的蓑衣，故而取名为“蓑衣花刀”。

1. 成形规格

加工时，先在原料的一面用直刀剞上深度为 4/5 的刀纹（见图 5-31）。

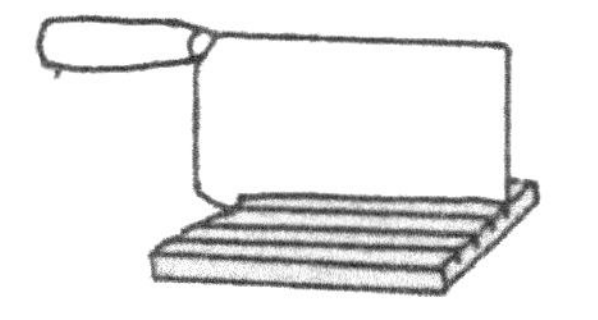

图 5-31

然后将原料转动 90 度，再用斜刀推剞上深约 4/5 的刀纹（见图 5-32 ）。

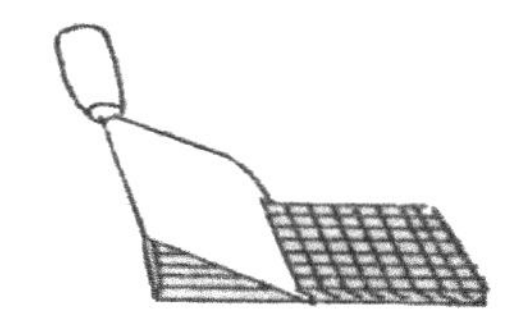

图 5-32

将原料翻起，在另一面上也用斜刀推剞深约 4/5 的刀纹（为方便观看起见，特将刀纹放在左边）（见图 5-33）。

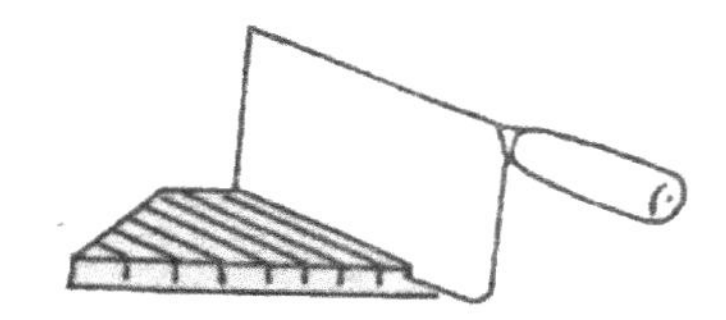

图 5-33

最后改刀切成长约 2 厘米，宽约 1.5 厘米的长方块（见图 5-34）。

图 5-34

2. 适用原料

猪肚领。

3. 成形用途

用于制作油爆肚仁、油爆蓑衣腰子等。

4. 加工要求

在加工时务必使刀距的大小、刀纹的深浅、分块的形状和大小都要均匀一致。

十二、螺旋形花刀

螺旋形花刀的原料成形，主要是采用小尖刀旋制而成。

1. 形状名称

螺旋丝。

2. 成形规格

选用圆柱形的原料（胡萝卜、黄瓜等），取其中段部位（见图 5-35 ）。

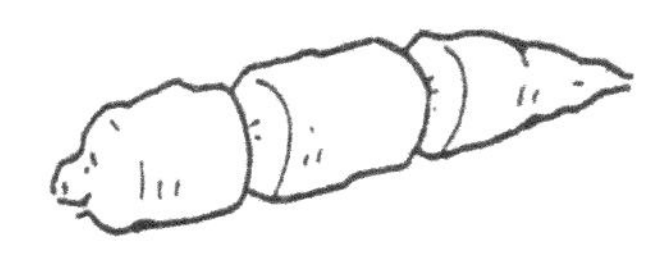

图 5-35

用小刀斜架在原料上，进刀深约 1 厘米，逆时针转动原料，使刀从左向右螺旋式运行（见图 5-36）。

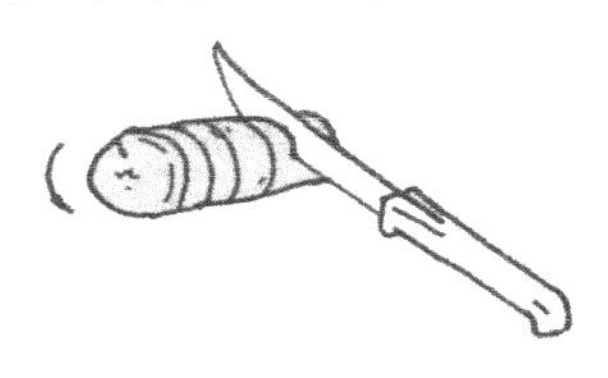

图 5-36

然后，再用刀尖插进原料一端，顺时针旋进，将原料的芯柱旋掉（见图 5-37）。

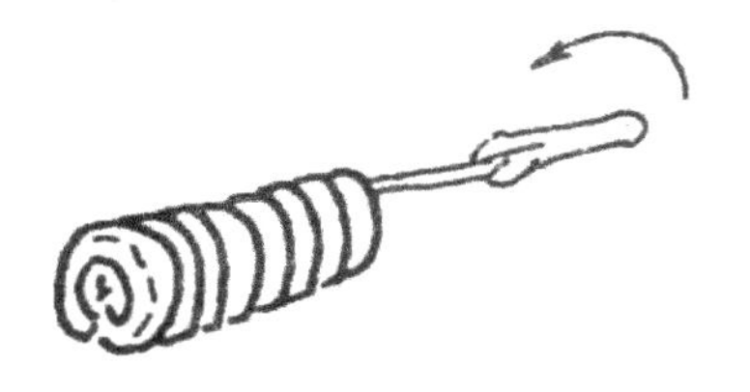

图 5-37

最后用手拉开，即成螺旋丝状（见图 5-38）。

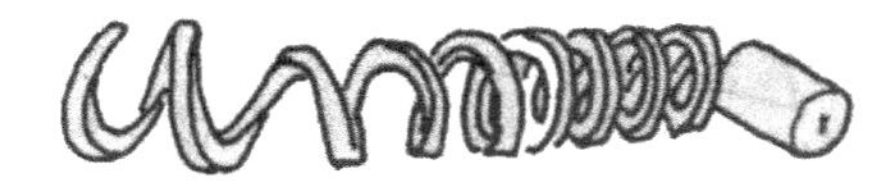

图 5-38

3. 适用原料

黄瓜、莴笋、胡萝卜、白萝卜等。

4. 成形用途

多用于冷菜围边，也可用于拌制冷菜。

5. 加工要求

小刀要窄而尖，原料转动要慢，旋丝时要均匀用刀，丝不宜过细。丝的长度可长可短，根据需要灵活掌握。

十三、玉翅形花刀

玉翅形花刀的刀纹是运用平刀片和直刀切的方法加工制成。

1. 形状名称

玉翅形。

2. 成形规格

先将原料加工成长约 5 厘米、宽约 4 厘米、高约 3 厘米的长方块。用刀片（批）进原料 4/5，片完一片再片第二片，如此反复进行，直至片完为止（见图 5-39）。

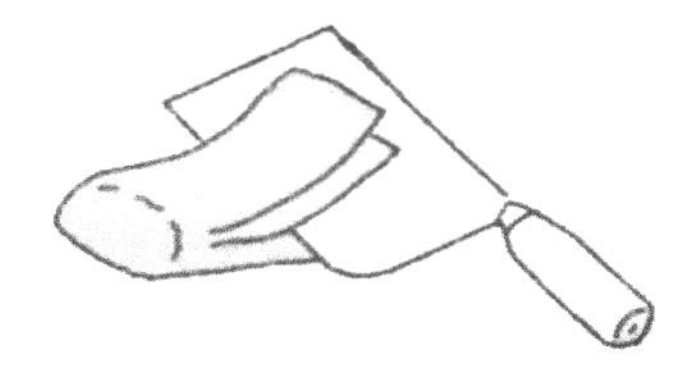

图 5-39

然后再用直刀法切成连刀丝（见 5- 40 ），即成玉翅形，效果（见图 5- 41 ）。

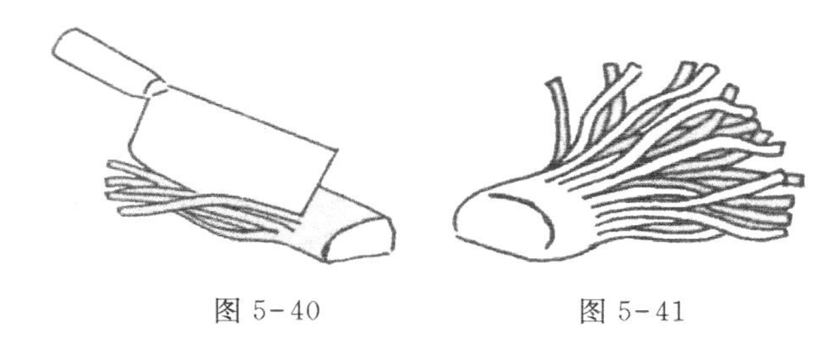

图 5-40　　图 5-41

3. 适用原料

冬笋、莴笋等。

4. 成形用途

用于制作葱油玉翅、白扒玉翅、鲍汁素鱼翅等。

5. 加工要求

加工时刀距要均匀，丝的粗细可根据需要灵活掌握，但丝的宽度务必与片的厚度保持一致。

十四、麻花形花刀

麻花形花刀的原料成形是运用刀尖划再经穿拉而成。

1. 形状名称

麻花形。

2. 成形规格

将原料片（批）成长约 4.5 厘米、宽约 2 厘米、厚约 3 毫米的片。在原料中间用刀尖划开 3.5 厘米长的刀口，再将中间刀口的两侧各划上一道 3 厘米长的刀口（见图 5-42）。

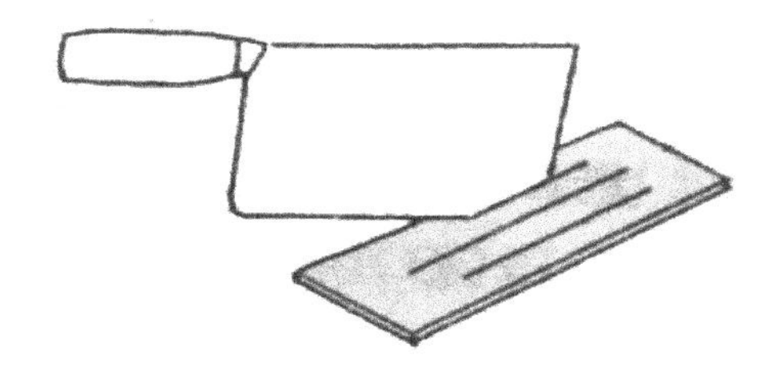

图 5-42

用手握住两端，并将原料一端从中间刀口处穿过并拉出来（见图5-43）。

图 5-43

经过受热卷曲更加像麻花的形状（见图 5-44）。

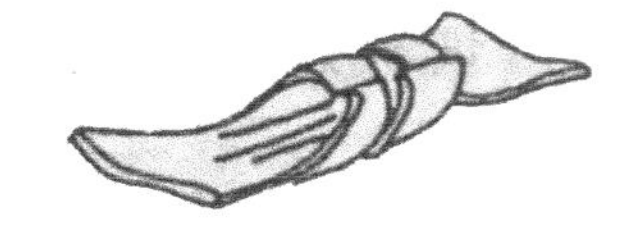

图 5-44

3. 适用原料

腰子、肥膘肉、通脊肉等。

4. 成形用途

用于制作软炸麻花腰子、芝麻腰子等。

5. 加工要求

中间的刀口要略微长一些，但也不要过长，以能够将原料穿过去为宜。其余的刀口要长短一致，成形方法要相同，不能穿反了。

十五、凤尾形花刀

凤尾形花刀的原料成形是运用直刀切的方法加工制成。

1. 形状名称

凤尾形花刀。

2. 成形规格

将圆柱形的原料片（批）成两半，在原料 4/5 处斜切成连刀片（见图 5-45）。

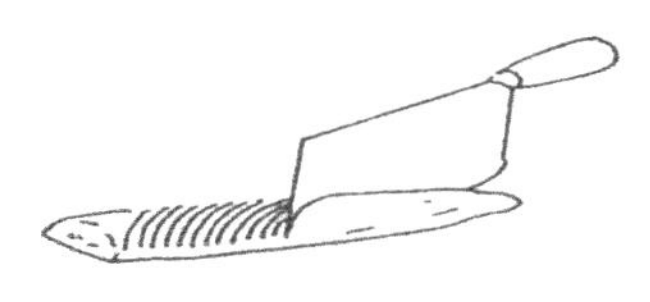

图 5-45

每切 9—11 片为一组，将原料断开（见图 5-46）。

图 5—46

然后每隔一片弯卷一片并将其别住（见图 5-47）。如此反复进行，即可加工成凤尾形。

图 5-47

3. 适用原料

黄瓜、冬笋、胡萝卜等。

4. 成形用途

多用于冷菜拼摆时的点缀或围边之用。

5. 加工要求

每组分开的片数要相等，刀距要均匀。

十六、鱼鳃形花刀

鱼鳃形花刀的原料成形是运用直刀推剞和斜刀拉剞的方法混合加工而成的。

1. 形状名称

鱼鳃片。

2. 成形规格

先将原料片（批）成厚片，再运用直刀推剞或拉剞的方法，剞上深度约为 4/5 的刀纹（见图 5-48）。

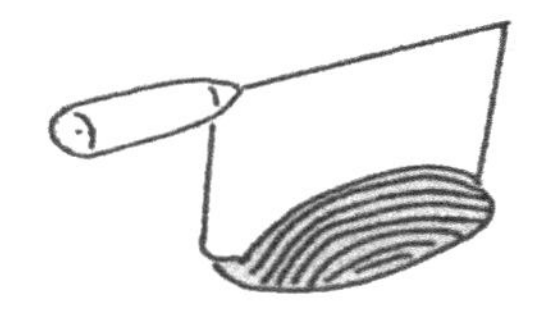

图 5-48

然后，将原料转动一个角度（通常是转动 90 度），采用斜刀法剞上深度约为 3/5 的刀纹，片第一刀的时候，不断开原料，等到片至第二刀的时候，用斜刀拉片的刀法将原料断开，即“一刀相连，一刀断开”（见图 5-49 ）。

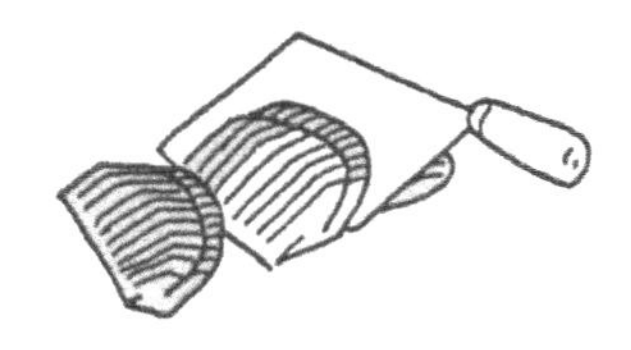

图 5-49

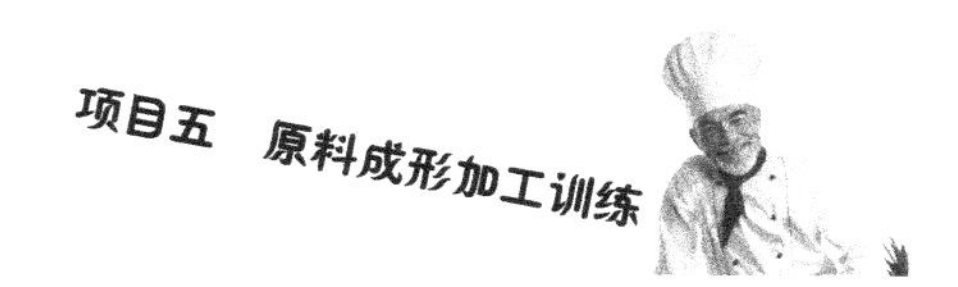

成形的鱼鳃片效果（见图 5-50）。

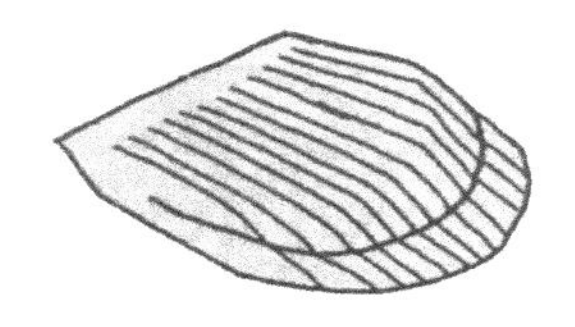

图 5-50

如果每批一刀就断开，则称为“梳子花刀”，因形状像梳子而得名；

如果直刀剞的刀纹比较浅，只有 1/4 深度的话，而且斜批一刀一断，则该种花刀称为“眉毛花刀”，也因形似而取名。

3. 适用原料

腰子、茄子等。

4. 成形用途

用于制作炝鱼鳃腰片、熘鱼鳃茄片等。

5. 加工要求

刀距要均匀，大小要一致。

十七、灯笼形花刀

灯笼形花刀的原料成形是运用斜刀拉剞和直刀剞的刀法混合加工而成的。

1. 形状名称

灯笼花刀。

2. 成形规格

将原料片（批）成大片后，改成长约 4 厘米、宽约 3 厘米、厚约 2～3 毫米的片，先在原料一端用斜刀法拉剞上两刀，深度为 3/5（见图 5-51）。

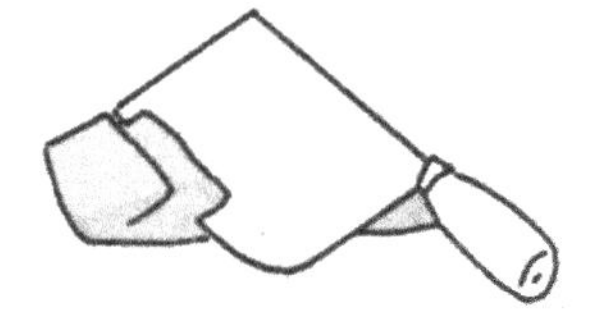

图 5-51

然后，在原料另一端同样也剞上两刀（向相反的方向剞刀）（见图 5-52）。

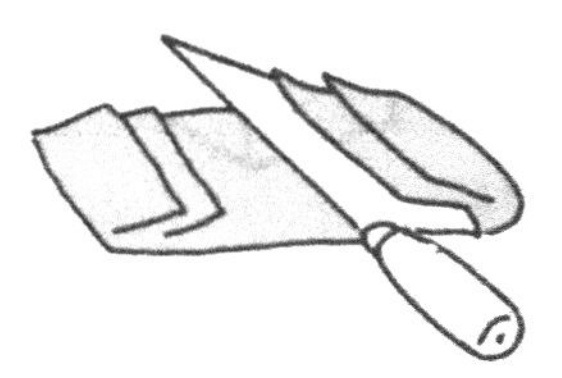

图 5-52

再转一个角度直刀剞上深度为 4/5 的刀纹（见图 5-53）。

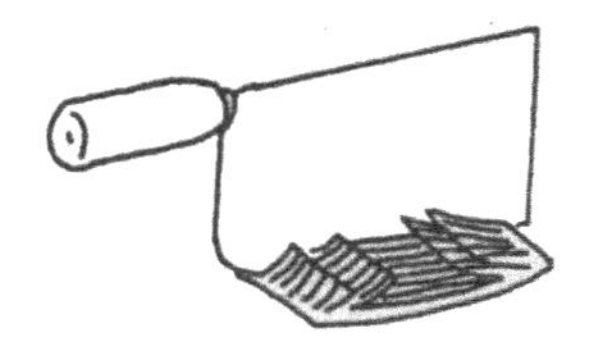

图 5-53

经受热卷曲以后即可形成灯笼的形状（见图 5-54）。

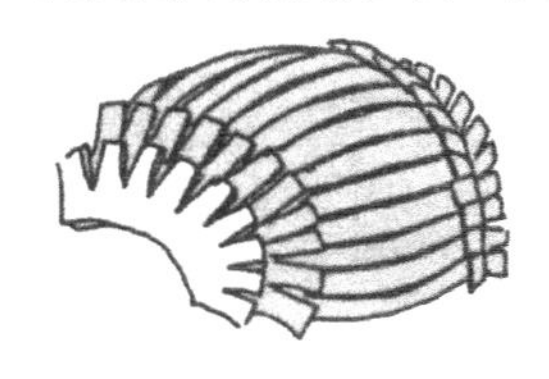

图 5-54

3. 适用原料

腰子、鱿鱼等。

4. 成形用途

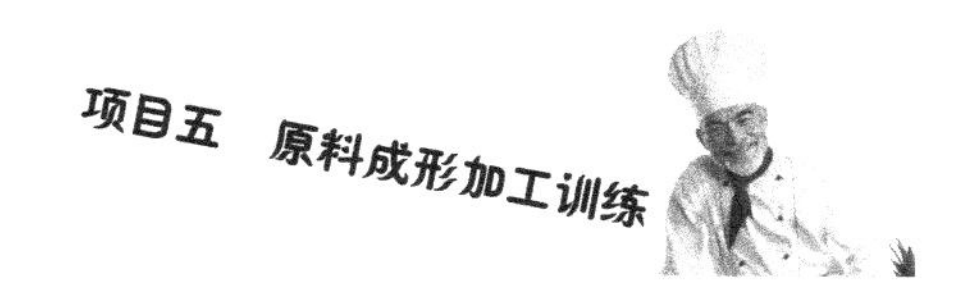

用于制作炒腰花、麻酱鱿鱼等。

5. 加工要求

加工时，斜刀进刀深度要浅于直刀的进刀深度。片形大小要一致，刀距要均匀。

十八、如意形花刀

如意形的原料成形，是运用刀刃前端在原料四面按照一定的顺序各切两刀的方法加工而成的。

1. 形状名称

如意丁。

2. 成形规格

将原料加工成 2 厘米见方的大丁，在丁的四面均切上两刀，刀纹深度为原料厚度的 1/2（见图 5—55）。

用手掰开方丁，即分成两个如意丁（见图 5-56）。

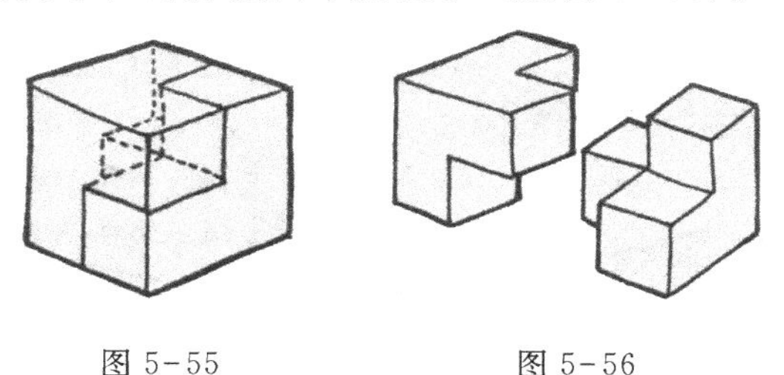

图 5-55　　图 5-56

3. 适用原料

黄瓜、南瓜、胡萝卜、莴苣等。

4. 成形用途

多用于菜肴的围边或充当配料。

5. 加工要求

丁的大小要一致，分丁要均等。

十九、剪刀形花刀

剪刀形的原料成形，是运用直刀推剞和平刀片（批）的方法加工而成的。

1．形状名称

剪刀片、剪刀块。

2．成形规格

剪刀片与剪刀块的区别在于薄者称片，厚者称块。两者的加工方法完全相同。加工时，先将原料加工成长方体，用平刀法分别从两个长边的1/2处片（批）进原料，两刀运行的深度相对，但在中间部分要留有余地，不能片断（见图6-57）。

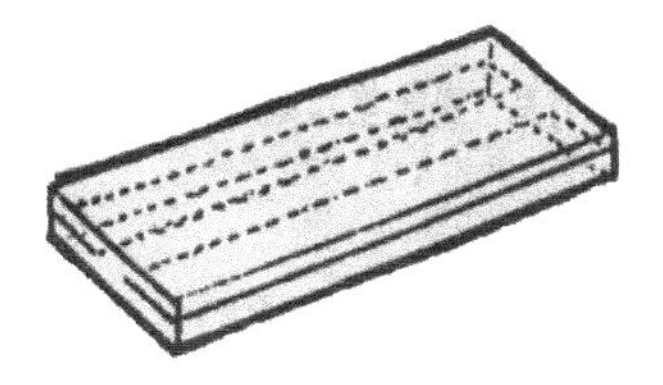

图5-57

再运用直刀推剞的方法，与短边成45度分别在两面均匀地剞上宽度一致的斜刀纹，深度是原料厚度的1/2，两个面上的斜刀纹呈相交状态（见图5-58、图5-59）。

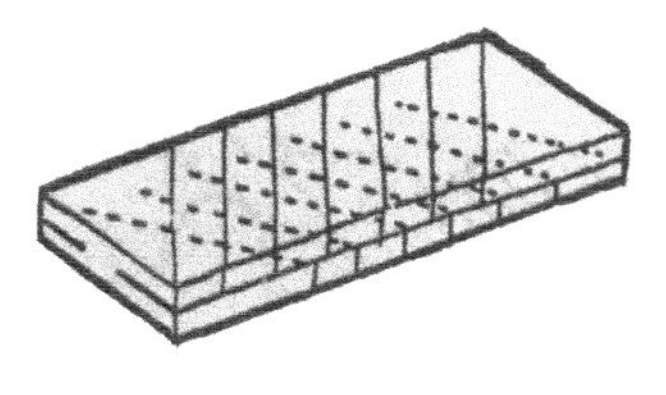

图5-58

然后用手夹注原料的上下两面，将每一个“斜十字”形拉开。

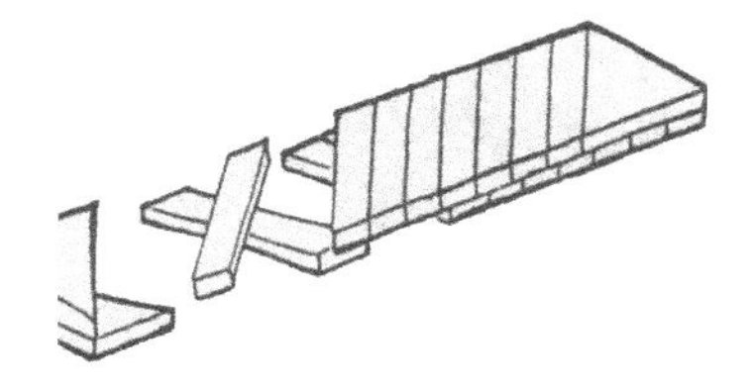

图 5-59

即分成交叉形剪刀片（或块）（见图 5-60）。

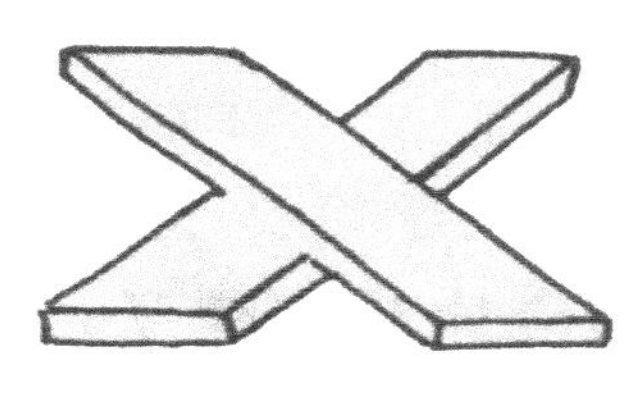

图 5-60

3.（适用原料）

黄瓜、冬笋、莴笋等。

4. 成形用途

多用于配料或用于菜肴点缀及围边装饰等。

5. 加工要求

刀距的大小，交叉角度要均匀一致；两个平刀纹要平行相对，否则很难拉开成形；另外在拉动的时候，动作还要协调，不能将其拉坏。

二十、锯齿花刀形花刀

锯齿花刀形的刀纹是运用直刀切和斜刀推剞等方法加工而成的。

1. 形状名称

锯齿花刀（俗称蜈蚣丝）。

2. 成形规格

加工时，先在原料表面剞上深度为原料厚度 4/5 的刀纹（见图 5-61）。

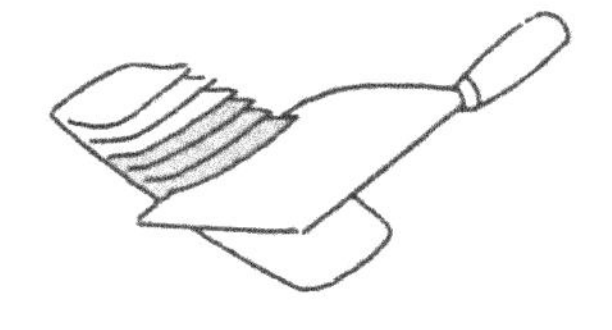

图 5-61

然后再用直刀法顶着刀纹的方向将原料切断（见图 5-62）。

图 5-62

加工好的原料经过受热卷曲以后即形成锯齿花刀形（即蜈蚣丝）（见图 5-63）。

图 5-63

3. 适用原料

腰子、鱿鱼、嫩白菜的帮子等。

4. 成形用途

韧性原料可制作菜肴如生炒蜈蚣腰丝、芫爆鱿鱼丝等。嫩白菜帮子需要经过凉水浸泡，经卷曲以后可用于拌制冷菜，如拌白菜丝，也可作为点缀、围边，装饰菜肴之用。

5. 加工要求

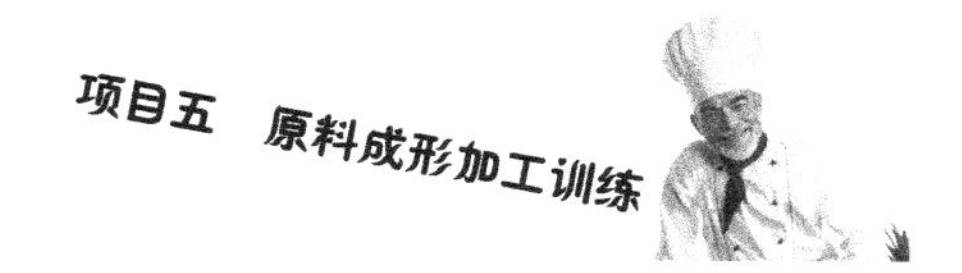

刀距的宽窄、刀纹的深浅、粗细的程度等都要均匀一致。

二十一、各种平面花边形花刀

平面花边形式样繁多，造型也逼真，成形方法是先将原料加工制成象形坯料，再经过直刀法横切或平刀法横批而加工成形的。在加工象形坯料的时候，可以采用厨刀加工而成，也可以借助各种模具加工而成。

现就常见的各种平面花边展示如下，因制作过程简单而且方法雷同，故对其详细的制作过程不作具体介绍。

1. 梅花片（见图 5-64 、图 5-65）

图 5-64

图 5-65

2. 麦穗片（见图 5-66 、图 5-67）

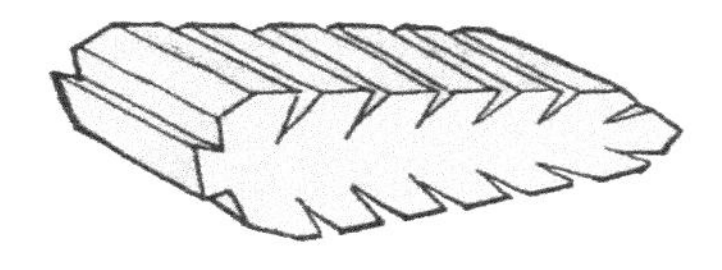

图 5-66

图 5-67

3. 齿牙圆片（见图 5-68、图 5-69）

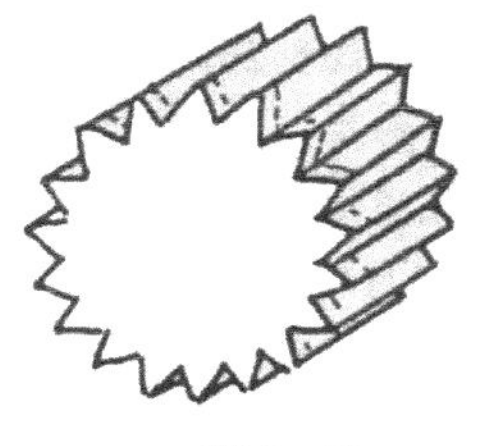

图 5-68

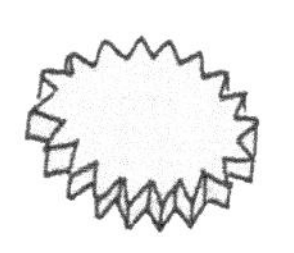

图 5-69

4. 多棱三角片（见图 5-70、图 5-71）

图 5-70

图 5-71

5. 三棱形片（见图 5-72、图 5-73）

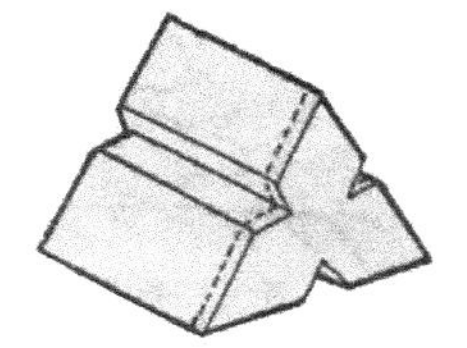

图 5-72

图 5-73

6. 四棱长方片（见图 5-74、图 5-75）

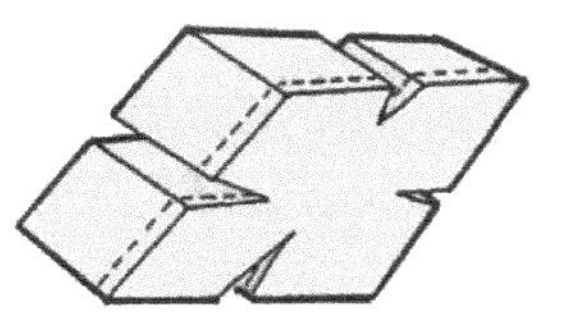

图 5-74

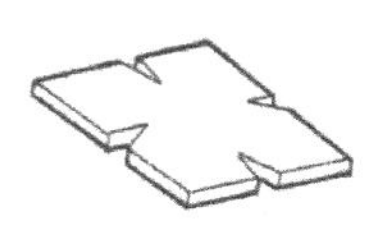

图 5-75

7. 秋叶形片（见图 5-76、图 5-77）

图 5-76

图 5-77

8. 鱼形片（见图 5-78、图 5-79）

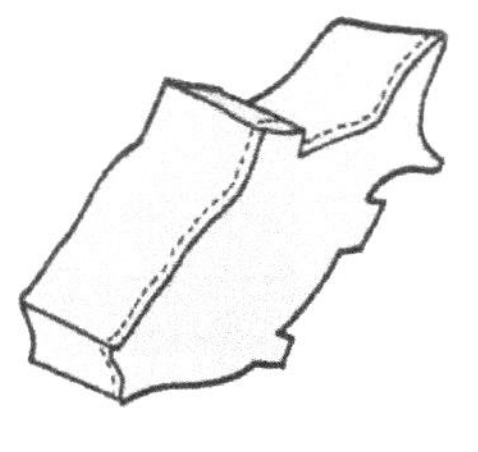

图 5-78

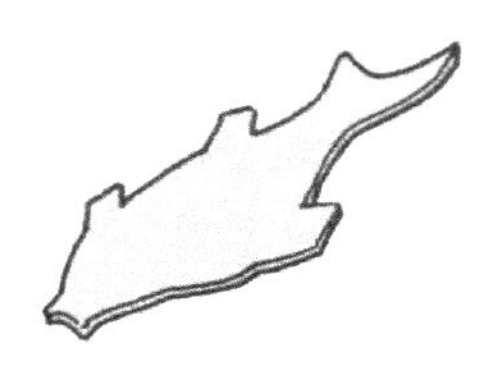

图 5-79

9. 玉兔形片（见图 5-80、图 5-81）

图 5-80

图 5-81

10. 飞鸽形片（见图 5-82、图 5-83）

图 5-82

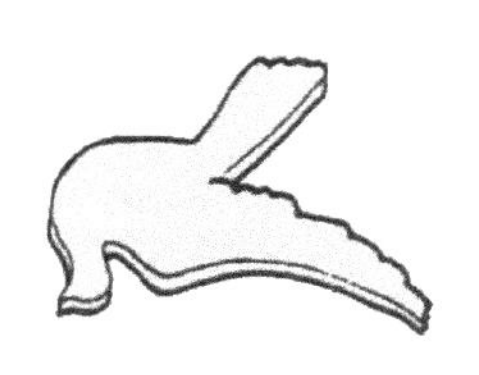

图 5-83

11. 蝴蝶片（见图 5-84、图 5-85）

图 5-84

图 5-85

12. 翅尾片（见图 5-86、图 5-87）

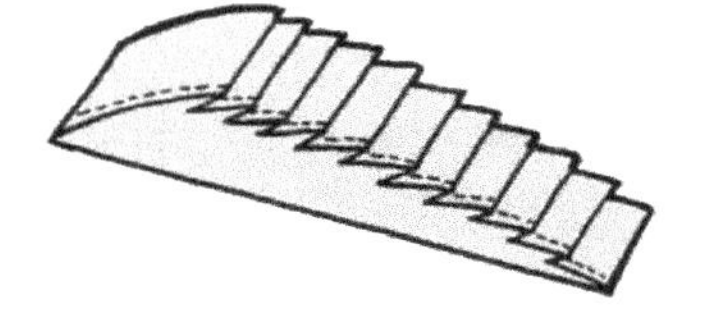

图 5-86

图 5-87

13. 翅羽月牙片（见图 5-88、图 5-89）

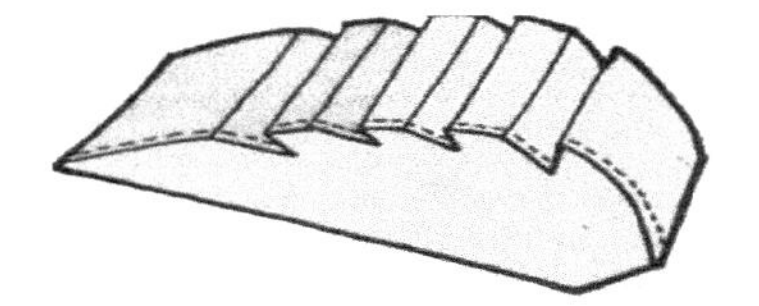

图 5-88

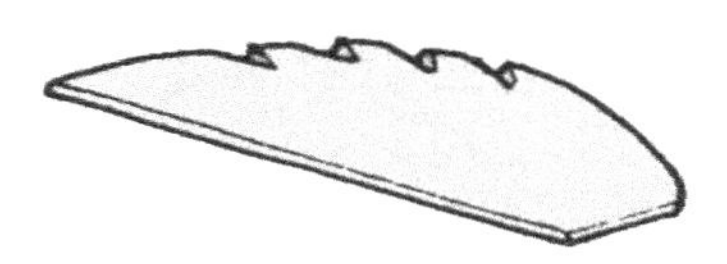

图 5-89

14. 齿边椭圆片（见图 5-90、图 5-91）

图 5-90

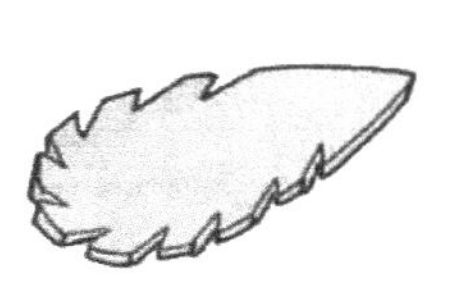

图 5-91

15. 齿边棱形片（见图 5-92、图 5-93）

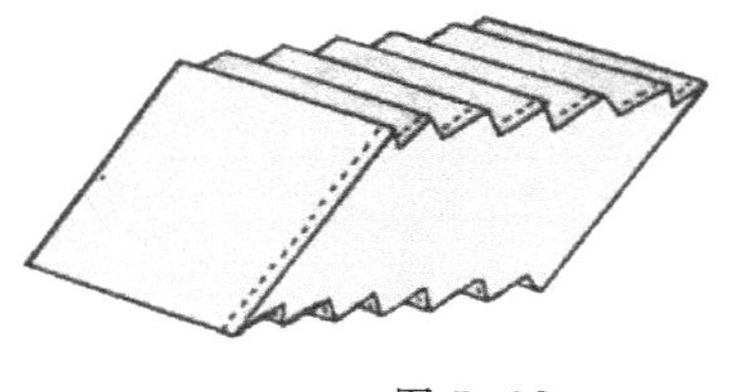

图 5-92

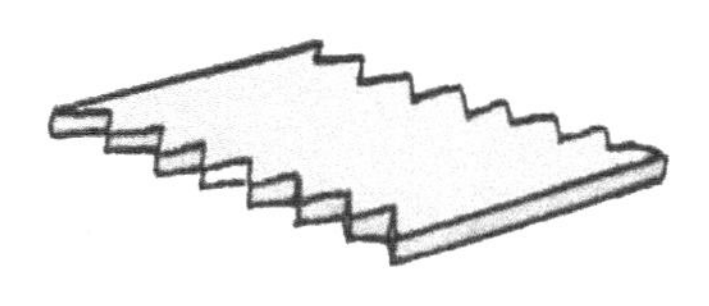

图 5-93

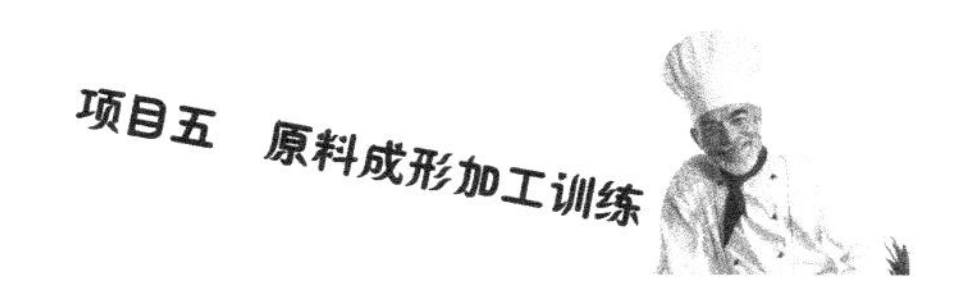

16. 齿边长方片（见图 5-94、图 5-95）

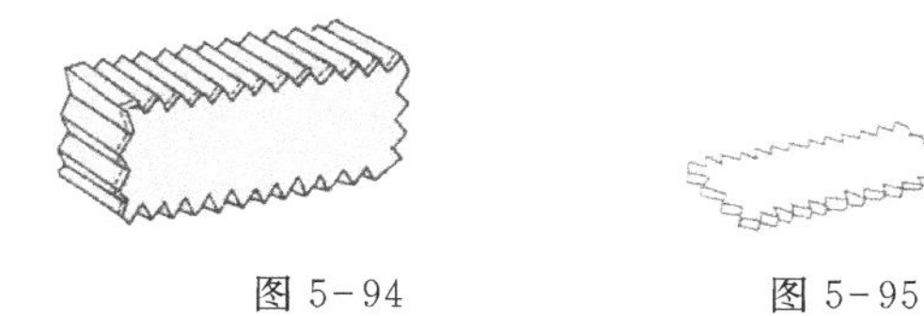

图 5-94　　图 5-95

17. 四棱十字片（见图 5-96、图 5-97）

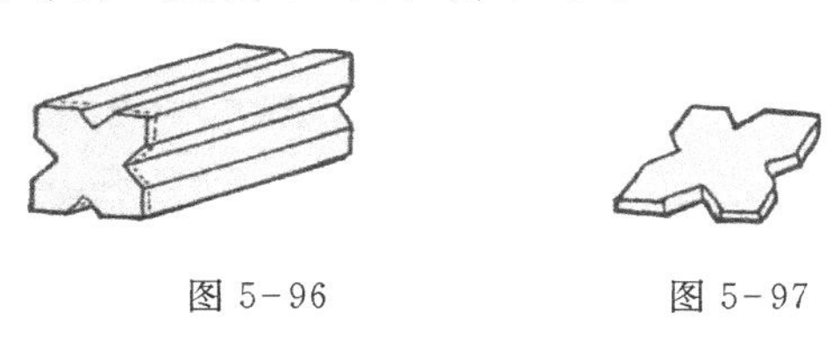

图 5-96　　图 5-97

18. 寿字形片（见图 5-98）

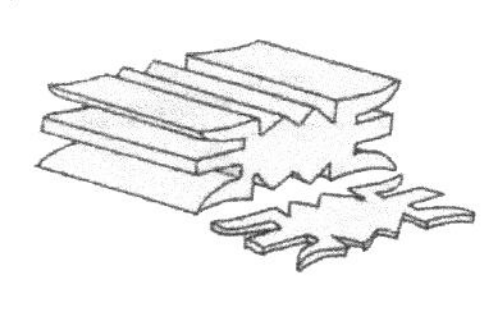

图 5-98

说明：

①上述所有的料形在加工时，都是先用刀具将原料修成如蝴蝶、玉兔、鱼等象形形态的坯料。然后再根据不同的用途，切成或批成厚薄不等的片。

②这些料形适宜使用黄瓜、土豆、南瓜、各种萝卜、莴苣、冬笋等原料来制作。

③这些具有独特造型的料形多用于中、高档菜肴的配料，也可用于冷菜造型、点缀、围边装饰等。

④在加工过程中，要求所加工成形的原料都要达到工艺细腻、棱角分明、大小一致、长短相等、薄厚均匀的质量标准。